U0181982

激光微纳制造技术

孙树峰　王萍萍　邵　晶　著

科学出版社

北京

内 容 简 介

激光微纳制造技术是利用脉冲宽度小和功率密度大的超强激光与材料相互作用，实现微纳结构和零部件加工制造的先进制造技术。与激光宏观制造技术不同，激光微纳制造技术利用超短脉冲激光与物质相互作用过程的非线性、多光子吸收和非热相变等效应，从而实现宏观激光制造技术无法实现的加工制造。

本书既综合叙述了国内外专家学者在激光微纳制造技术领域的研究进展，又概括论述了作者团队在该领域的研究成果，主要内容包括激光微纳制造技术概述、激光微纳制造原理、激光加工微孔技术、激光加工导光板微细散射网点技术、激光微纳连接技术、激光微纳增材制造技术、激光微纳并行制造技术、激光表面改性技术和激光复合微纳制造技术。

本书可供激光微纳制造技术研究与应用的科研人员和从业人员参考，也可作为机械工程、光学工程、材料科学与工程、光电信息科学与工程、应用物理等相关学科专业的研究生和高年级本科生的教学参考用书。

图书在版编目（CIP）数据

激光微纳制造技术 / 孙树峰，王萍萍，邵晶著. —北京：科学出版社，2020.11
　　ISBN 978-7-03-066510-2

　　Ⅰ.①激… Ⅱ.①孙… ②王… ③邵… Ⅲ.①激光加工－纳米技术 Ⅳ.①TG665

中国版本图书馆 CIP 数据核字（2020）第 205211 号

责任编辑：邓　静　张丽花　陈　琼 / 责任校对：王　瑞
责任印制：赵　博 / 封面设计：迷底书装

科学出版社 出版
北京东黄城根北街 16 号
邮政编码：100717
http://www.sciencep.com
北京富资园科技发展有限公司印刷
科学出版社发行　各地新华书店经销
*
2020 年 11 月第 一 版　开本：720×1000　1/16
2025 年 1 月第五次印刷　印张：13
字数：300 000

定价：98.00 元
（如有印装质量问题，我社负责调换）

前 言

  制造业是国民经济的基础，是强国之基、富国之本。为了实现从制造大国向制造强国的转变，我国先后制定实施了《国家中长期科学和技术发展规划纲要（2006—2020年）》、《中国制造2025》、《国家创新驱动发展战略纲要》和《"十三五"国家科技创新规划》等一系列促进制造业发展的政策措施。其中，先进制造技术与高端装备是国家重点支持和优先发展的重要方向之一。激光制造技术与装备作为一种绿色高效的先进制造技术与高端特种装备，更是被列为国家重点支持和优先发展的关键技术与核心装备。

  随着产品不断向微小型化和高端化发展，在芯片制造、航空航天、国防、生物、医疗等众多领域，无论是微/纳机电系统（MEMS/NEMS）零部件，还是宏机电系统零部件上的微细结构，其加工制造都很困难，传统制造技术几乎无能为力，探寻新型微纳制造技术成为国内外科技人员研发的重点。其中，激光微纳制造技术通过激光与材料的相互作用改变材料的结构特征和性能，研究激光与物质相互作用的非线性效应，探索近场光学原理，力求突破光学衍射极限，实现从微米到纳米尺度的加工制造。作为一种前沿制造技术，激光微纳制造技术具有加工分辨率高、对材料无选择性和真三维加工等优势，可以实现金属、玻璃、陶瓷、高分子有机物、半导体、生物软组织等各种材料的微纳结构制备。

  作者长期从事激光微纳制造技术研究，主持多项国家省市和企业委托开发科研项目。基于作者团队多年的科研成果，参考国内外相关研究文献，本书对激光微纳制造技术在微孔加工、导光板微细散射网点加工、连接、增材制造、并行制造、表面改性、复合加工等领域的基础及应用研究进行了较全面阐述，揭示了激光微纳制造机理，研制了典型的激光微纳制造装备，实现了激光微纳制造的工程应用。因此本书可为激光微纳制造技术的研究开发和工程应用提供一定的参考与借鉴。

  本书的出版得到国家自然科学基金面上项目（51775289）、山东省自然科学基金重大基础研究项目（ZR2018ZB0524）、山东省重点研发计划（重大关键技术）项目（2016ZDJS02A15）、山东省重大科技创新工程项目（2019JZZY010402）、山东省重点研发计划（公益性科技攻关类）项目（2019GGX104097、2019GGX104106）、山东省泰山学者专项、青岛市创新领军人才专项等项目的资助。全书由孙树峰统筹和审阅，参与本书著写的人员还有王萍萍、邵晶、张丰云、王茜、邵勇、张兴波、刘国梁、王津、常宏、胡坤、曹颖、张若兰、张丽丽、刘世光、刘力、张云龙、张强和吕强强。

作 者

2020年5月

目　　录

第 1 章　激光微纳制造技术概述

激光微纳制造技术是将激光聚焦到微纳米级别进行精密加工的前沿技术。本章将主要介绍激光微纳制造技术的形成和发展过程，重点介绍激光微纳制造技术独特的加工优势，最后列举激光微纳制造技术在工业上的主要应用。

1.1　激光微纳制造技术的形成

1.1.1　激光技术

"激光"一词是英文"LASER"的意译，LASER 原为 light amplification by stimulated emission of radiation 的缩写，在我国曾被翻译为"莱塞""光激射器""光受激辐射放大器"等。1964 年，钱学森院士称其为"激光"，"激光"不仅体现了"受激辐射"的科学内涵，而且表明它是一种能量非常强的新型光源，恰如其分，生动简洁，得到了我国科学界的一致认可，并沿用至今[1]。

激光技术的产生过程大致分为受激辐射理论的提出、粒子数反转概念的提出、微波激射器的诞生、激光器问世四个阶段。

1. 受激辐射理论的提出

1900 年 4 月，英国物理学家威廉·汤姆生（William Thomson）在皇家学会发表的《热和光的动力理论上空的 19 世纪之乌云》中提出："物理的大厦已经落成，所剩只是修饰工作，现在，它的美丽而晴朗的天空却被两朵乌云笼罩。"其中一朵乌云就是黑体辐射与"紫外灾难"的提出，激光的诞生离不开科学家对这朵乌云不懈的研究。

人类对于光的认识是一个很漫长的过程。19 世纪，麦克斯韦（Maxwell）基于其方程建立了电磁波理论，该理论能够解释绝大部分的光现象。但黑体辐射的实验结果——能量密度与波长的分布曲线——无法用已知的经典统计物理学理论解释，因此，科学家对光开始了新的探讨。在对黑体辐射的探究中有三个著名的公式。1896 年，维恩（Wien）根据热力学和经验参数提出了维恩公式[2]，即

$$M(v,T) = \frac{4v^3}{c_2 \exp(-c_1 v / T)} \tag{1.1}$$

式中，$M(v,T)$ 为能量密度，单位为 W/(m²·Hz)；v 为频率，单位为 Hz；c_1、c_2 分别为第一、第二辐射常数；T 为热力学温度，单位为 K。该公式与实验曲线相比，在短波领域符合很好，在长波领域却存在偏离。1900 年，瑞利（Rayleigh）和金斯（Jeans）根据经典热力学和电磁学提出了瑞利-金斯公式[3]，即

$$M(v,T) = \frac{2\pi v^2}{c^2 KT} \qquad (1.2)$$

式中，c 为光速，单位为 m/s；K 为玻尔兹曼常数，单位为 J/K。与实验曲线相比，其效果与维恩公式的表现相反，在长波领域符合很好，在短波领域偏离较大。当波长 $\lambda \to 0$（$v \to \infty$）时，得到 $M \to \infty$。在光谱的紫外线端，单色辐射密度趋于无限大而被人称为"紫外灾难"。

为解决这个问题，1900 年，普朗克（Planck）用内插法衔接维恩公式和瑞利-金斯公式得到了与黑体辐射实验曲线相吻合的普朗克公式[4]，即

$$M(v,T) = \frac{2\pi h}{c^2} \frac{v^3}{e^{hv/(KT)} - 1} \qquad (1.3)$$

式中，h 为普朗克常数，单位为 J·s。如图 1.1 所示，普朗克公式与黑体辐射的实验结果一致，解决了黑体辐射的"紫外灾难"。同年，普朗克根据公式做出了量子假说。

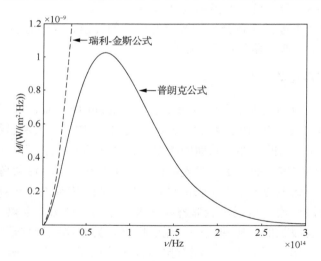

图 1.1　瑞利-金斯公式、普朗克公式的函数图像
瑞利-金斯公式在短波领域存在明显的"紫外灾难"现象[5]

如图 1.2 所示，在普朗克提出量子假说之后，爱因斯坦（Einstein）在 1905 年提出了光量子假说，即光和原子、电子一样具有粒子属性，辐射在发射和吸收过程中是以量子形式出现的，因此可将光子称为光量子，该说法也成功解释了光电效应现

象。1909 年，爱因斯坦在《论辐射问题的现状》中提出辐射场具有波动性与粒子性两种性质。1911 年，卢瑟福（Rutherford）提出了原子结构的核模型。1913 年，玻尔（Bohr）在归纳量子假说和原子模型的基础上，把量子概念应用到原子结构上，提出了原子结构假说[2]。该假说解释了氢原子的线状光谱，即原子只能处于由分立能级所表征的定态上，当原子发射或吸收频率为 ν 时，原子能量的变化可以写为 $E_1 - E_2 = h\nu$。但该假说没有阐明原子如何从一个定态跃迁到另一个定态。1917 年，爱因斯坦第一次对能级之间的跃迁方式给出了实际的阐述[6]。他认为光辐射与原子相互作用包含三种基本过程，即光的吸收、光的自发辐射和受激辐射。激光的物理实质就是原子受激辐射发光。受激辐射理论为微波激射和激光的研究工作奠定了理论基础。

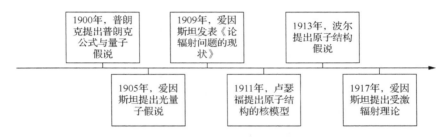

图 1.2　受激辐射理论的提出

2. 粒子数反转概念的提出

1924 年，托尔曼（Tolman）将入射光强减弱的吸收称为"正吸收"，入射光强增强的吸收称为"负吸收"[7]。这意味着经过受激辐射能够达成光放大，但实现"负吸收"需要激发态的粒子数密度大于基态的粒子数密度，根据玻尔兹曼粒子分布定律，分子集体中处于基态或者较低能量状态的总是占大多数，要实现"负吸收"，即受激辐射，介质的温度必须是负数，因而，科研工作者认为"负吸收"是不存在的。如图 1.3 所示，当粒子数反转时，处于激发态的粒子占大多数，则有可能实现受激辐射。

（a）粒子数正常分布　　　　　　　　（b）粒子数反转分布

图 1.3　粒子数反转示意图[8]

E_1 为高能级，E_2 为低能级

1928 年，拉登博格和科夫曼讨论放电激发氖气的折射率时，观察到受激辐射引起的负色散，这是首次通过实验观测到受激辐射[8]。1940 年，苏联物理学家法布里坎特在论述气体放电机理时，通过实验验证"负吸收"并提出分子或原子的能量分

布为非热平衡分布。1946 年美国物理学家布罗赫等在核感应实验中首次观察到了粒子数反转的实验现象[8]。1950 年，哥伦比亚大学科学家拉比（Rabi）通过偏转将激发态粒子从基态或低能态粒子中分离出来，得到了一束富含激发态粒子的粒子束[9]。1951 年哈佛大学珀塞尔（Purcell）和庞德（Pound）应用核酸共振技术使氟化锂中一对核自旋的粒子数反转，并直接检测到外加脉冲的"负吸收"[10]。通过这个实验证实可以通过粒子数反转，使分子团中激发态的粒子数密度大于基态或者较低能量态的粒子数密度，确认了受激辐射的可能性，并为后来微波激射器的诞生提供了依据。

3. 微波激射器的诞生

微波激射器的研制工作最早是从微波波段开始的，1921 年美国物理学家赫尔发明了能够产生微波振荡的磁控管，1934 年，克里通和威廉斯最早用 1～4cm 的各种微波与氨分子相互作用，观察到在 1.25cm 处有明显的吸收现象[8]。第二次世界大战期间，由于雷达探测分辨率的提高和减小安装尺寸的需求，科学家开始研究短波长电磁波，微波技术由此获得了突飞猛进的发展。

知晓电子学和微波振荡，而且涉猎分子和原子光谱的科学家在第二次世界大战前后创立了微波波谱学，并从事微波辐射与分子间相互作用的研究工作。美国物理学家查尔斯·汤斯（Charles Townes）致力于制造短波长电磁波振荡器，受当时的理论限制，制造输出波长为 1mm 的电磁波振荡器需要制造毫米量级的共振腔，但小尺寸的共振腔难以产生合适的电磁波功率，汤斯提出用分子或者原子本身做电磁波振荡器。然而，要想实现这种构想，首先要解决的问题是如何让分子团中各自特立独行的分子朝同一个方向发射相同波长的辐射。根据爱因斯坦的受激辐射理论，当分子处于激发态时，可以被一个光子诱导发射光辐射而返回能量较低的能态或者基态，被诱导发射（或者称受激辐射）的光子的频率、传播方向与诱导光子相同。因此，如果分子团全都处于激发态，便可获得单一波长的电磁波辐射[9]。

在验证粒子数反转概念之后，汤斯的构想在理论上是可以实现的。终于，1954年汤斯及其研究团队利用氨分子作为激活介质，研制成功了世界上第一台利用受激辐射原理工作的新型分子振荡器，并把它命名为微波激射放大器（又称微波激射器）[9]。

微波激射器利用受激辐射理论，证明了相干放大波长为厘米或更短电磁波的可能性，为激光器的问世提供了有力支撑。

4. 激光器问世

在微波激射器诞生之后，物理学家开始着手制造更短波长的红外和光学波段的微波激射器，即激光器。但微波激射器的共振腔无法保证单一频率的光辐射，可能存在多种振荡模式，因此，解决共振腔问题是关键。1958 年，汤斯和肖洛（Schawlow）

在《物理评论》上发表了《红外与光学激射器》的文章，讨论了平行平板干涉仪在共振腔上的应用，并提出了研制激光器的可能[10]。1960 年 5 月，梅曼（Maiman）经过不断的尝试，终于研制成功世界上第一台红宝石激光器（波长为 694.3nm）[11]，其结构如图 1.4 所示。

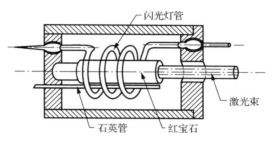

图 1.4　梅曼发明的世界上第一台激光器结构

自第一台红宝石激光器问世后，关于其他工作物质激光器的研究工作迅速展开。1961 年杰文（Javan）等研制成功氦氖（He-Ne）气体激光器，赫尔沃思（Hllwarth）研制成第一台 Q 开关激光器，斯尼特泽（Snitzer）研制成钕玻璃激光器。1964 年，布里奇斯（Bridges）制成氩离子激光器，帕特尔（Patel）制成二氧化碳（CO_2）激光器。1966 年，第一台染料激光器制成，它的调谐范围从可见光到近紫外光。1970 年，苏联巴索夫又制成了 CO_2 准分子激光器。1984 年，美国国家实验室完成了一项在长波区获得高增益的自由电子激光器，它的调谐范围更宽，与之前只能发出固定波长的光源相比，取得了重大突破[10]。

中国紧跟时代发展的潮流，结合自身学术背景和研究基础，开始研制同类型的激光器。1959 年在美国参加了汤斯教授领导的受激发射研究的王天眷回国，1961 年师从苏联普洛霍罗夫的何慧娟和从事微波量子放大器研究的王育竹先后回国，到中国科学院电子学研究所（简称中科院电子所）工作，开始研发激光器。中国科学院长春光学精密机械与物理研究所（简称中科院光机所）是中国激光器的摇篮[1]，中国最早的红宝石激光器、钕玻璃激光器、掺铀氟化钙激光器、含钕钨酸钙激光器、氦氖气体激光器、镓砷半导体激光器和转镜开关短脉冲激光器都在这里进行了首次试验[12]。

在利用其他工作物质制造激光器取得一定研究成果之后，研究者开始研制调 Q 和锁模等特殊技术，来制造脉冲宽度（简称脉宽）极窄的超短脉冲激光和峰值功率极高的巨脉冲激光。

1961 年，MoClung 等在激光器的谐振腔中加入克尔盒，从而发明了调 Q 技术。该技术可以将激光的脉冲宽度调整到很窄并发射出去，从而压缩能量。1963 年出现的旋转 Q 开关法可以得到 10^7W 以上的峰值功率，在这种输出功率下，激光焦点处空气电离，可以观察到白色火花，听到啪啪的放电声。1966 年，输出功率进一步提升，可达到 10^9W，在空气中可观察到 2m 长的火花。

为了进一步地压缩脉冲宽度，1964 年科学研究者提出了锁模技术的构想。借助锁模技术，激光横模、纵模的模间关系更加稳定，从而得到更小脉宽与更高峰值功率的激光。较早研制成功的是固体锁模激光器，它的脉宽达到毫微秒量级，输出功率密度为 10^{10}W/cm^2。1972 年，锁模技术随着激光核裂变以及高分辨率光谱学的研究进一步发展。1974 年，应用锁模技术，激光输出脉宽可以达到微微秒、亚微微秒量级[13]。

从 1960 年梅曼制成世界上第一台激光器至今，已经整整 60 年。激光独特的相干性使得它可以通过多种方式聚焦，从而拥有众多非相干光没有的优点。这种特殊性使得它在很多领域得到广泛应用。

在工业领域，激光主要用于打孔、切割、表面热处理、精密定位等，与传统加工方法相比，效率提高几十到几百倍；在农业领域，激光主要用于育种和生物工程；在基因工程、医学治疗中，激光也发挥重要作用。例如，1972 年，美国和联邦德国曾用 CO_2 激光作为手术刀切除肿瘤和修复内脏。在科研工作中，激光应用包括同位素分类、激光光谱以及全息技术等[14]；在军事领域，则有激光雷达、激光制导、激光致盲武器等应用[15]。

1.1.2　激光制造技术

激光制造技术是继力加工、火焰加工和电加工之后出现的一种崭新的加工技术[16]，是激光应用最广泛、最活跃的领域之一，可以应用于从计算机芯片生产到大型飞机零件制造的几乎所有加工领域，在减量化、轻量化、再制造等方面发挥着越来越重要的作用[17]。激光制造技术包括激光快速成型制造技术、激光微纳制造技术、激光表面改性技术、激光表面连接技术等。与传统制造技术相比，激光制造技术具有能量集中性好、操作简单、灵活度高、效率高、质量好、节能环保等突出优点。

1. 激光表面改性技术

对激光表面改性技术的研究最早始于 20 世纪 60 年代，但直到 20 世纪 70 年代初，随着高功率激光器的发展，激光表面改性技术才在实践中得到应用，并在近 10 年得到迅速发展。激光表面改性技术是在材料表面形成一定厚度的处理层，以提高材料表面的力学性能、冶金性能和物理性能，从而提高零件的耐磨、耐腐蚀、抗疲劳等一系列性能，使工件满足各种应用要求[18]。激光表面改性技术包括激光表面相变硬化、表面熔覆、表面合金化、冲击硬化、表面非晶化等。

1973 年，美国 AVCO 公司最先提出了金属表面激光热处理的设想[19]，此后展开了在不同材料上激光熔覆镍基、铁基等的研究工作。同年，通用汽车公司建立了第一条汽车动力转向壳内壁 CO_2 激光表面相变硬化生产线，标志着激光表面改性技术已逐步进入实用阶段。之后，德国大众、意大利菲亚特、日本日产等公司也相继建立了汽车零部件激光表面相变硬化生产线，中国北京吉普、大连机车车辆厂等单位也在 20 世纪 90 年代建立了激光表面相变硬化生产线。激光表面相变硬化是激光表面改性技术中最早、最成熟的技术[20]。

在激光表面合金化方面，美国 AVCO 公司在 AISI4815 钢制零件表面涂上 C、Cr 细粉，然后用 10kW 的 CO_2 激光器以 48mm/s 的速度扫描，即获得 1.3mm 厚的合金化层。该层铬含量高（约 21%），而且均匀，其表面硬度可达 55HRC，比基体硬度高 25HRC[21]。清华大学结合沙漠车用八缸风冷柴油机 F8L413F 陶瓷挺柱的科研攻关，成功地实现了 45 钢凸轮轴激光熔凝和激光合金化表面强化新技术的研制，该项技术主要用于凸轮桃尖合金化。凸轮桃尖合金化以后，涂层硬度为 60～67HRC，合金层深度为 1.3～1.5mm。凸轮其他部位硬度为 55HRC，硬化层深度为 0.1～1.0mm。凸轮强化面平整、均匀、无气孔和裂纹，实现了合理连续的组织和硬度匹配。凸轮轴处理后，不需要矫直。发动机经 500h 台阶试验和沙漠车上 5 个月使用考核，表明激光强化的凸轮具有优异的耐磨性和抗疲劳性[18]。

2. 激光快速成型制造技术

金属零件激光快速成型制造技术是将快速成型技术与激光熔覆复合，借助高功率激光熔化金属粉末，根据计算机生成的扫描轨迹指令将任意形状的金属固体零件逐层堆积起来，形成具有高性能的紧凑型金属零件[17]。

美国联合技术研究中心（United technologies corporation，UTC）是最早研究金属零件激光快速成型制造技术的机构，1979 年该中心利用高能束沉积多层金属来获得大体积金属零件[22]。UTC 提出成型过程中的热源是激光束或电子束，材料可以选择粉末或线材。受理论基础和计算机技术发展水平的限制（主要是指零件的三维计算机模型和分层切片等图形处理技术），激光快速成型制造技术在发展过程中遇到了许多困难[23]。直到 20 世纪 90 年代中期，快速成型技术的产生和计算机技术的飞速发展才促成了多种基于激光熔覆的金属零件激光快速成型制造技术的实质性应用[22]，一种高性能新材料制备和复杂零件成型的新技术逐渐形成。美国桑迪亚（Sandia）国家实验室制备了多种材料的高密度金属零件，包括镍基合金 718、625 和 690，不锈钢 304 和 316、H13 工具钢、钨、钛和磁性 NdFeB 等；并且通过改变激光模式、激光功率、沉积速率、轴数和金属传输方式，获得了最佳的加工速率、零件密度、晶粒结构和表面质量。该实验室生产的 Ti-6Al-4V 合金零件的伸长率和强度均得到了较大提高，表 1.1 为其部分实验结果汇总。美国洛斯阿拉莫斯（Los Alamos）国家实验室 Richard Mah 成功制备了带有半球、直壁、通孔、尖角的零件，可加工材料包括 AISI316 和 400 不锈钢、Fe-Ni 合金、Al-Cu 合金、Ag-Cu 合金、P20 工具钢、Ti、W、Re 合金，以及钛铝、镍铝等金属间化合物[24]。

表 1.1　材料的力学性能[24]

材料	极限强度/MPa	屈服强度/MPa	伸长率/%
316 不锈钢（垂直方向）*	794	449	66
316 不锈钢（平行方向）*	807	593	33
316 不锈钢退火态	587	242	50
625 合金（平行方向）*	932	635	38
625 合金（垂直方向）*	932	518	37
625 合金退火态	835	400	30
Ti-6Al-4V *	986～1034	896～931	9～12

注：*用激光熔覆制造技术获得。

德国弗朗霍夫（Fraunhofer）激光技术研究所还提出一种激光选区熔化（selective laser melting，SLM）成型方法，这是一种基于粉床铺粉的金属材料增材制造技术[25]，该方法主要应用于小型、复杂零件的快速制造。

北京航空航天大学与中国航空研究院 601 所合作，在钛合金二次支承结构激光快速成型制造工艺及安装应用的关键技术上有了突破性的进展。自 2005 年以来，激光快速成型制造技术生产的 TA15 钛合金角盒、座椅上下支架、腹翼关节等飞机钛合金结构件已成功应用于多种飞机上，并使基体的利用率提高了 5 倍、制造周期缩短了 2/3，降低了制造成本，使我国成为继美国之后世界上第二个掌握飞机钛合金结构件激光快速成型制造及装机应用技术的国家[17]。

3. 激光焊接技术

从 20 世纪 60 年代激光问世起，小型、精密零件的焊接作业便开始使用激光焊接技术[17]。随着大功率千瓦级激光器焊接试验的成功[26]，激光焊接技术在航空航天、汽车、造船等领域的应用得到迅速发展。

在航空航天领域，激光焊接技术的优越性对于提高飞机结构性能、降低基体质量具有重要意义[27]。例如，飞机机翼筋板与蒙皮的焊接（图 1.5）、机身附件（如腹鳍翼箱、襟翼等）的装配、薄壁件（如进气道、风箱等）的制造、航空涡轮发动机叶片的修理、合金飞行舵和油箱加强筋的焊接等[28]。欧洲空中客车工业公司生产的 A380 拥有 550 座，与波音 747-400 相比，多提供了 35%的座位和 49%的占地面积，使其具有更舒适的座位和开放空间；不仅如此，A380 机舱的 13、18 段共有 7 个零件的加工采用了激光焊接技术，使 A380 机身总重量减少了 20t，成本降低了 25%。A380 投入使用后，结束了波音 747 在市场 30 年的垄断地位，被称为载客量最大的民用飞机[28]。激光焊接技术作为传统焊接技术的有效补充，已成为现代航空航天工业生产中必不可少的加工工艺手段之一。

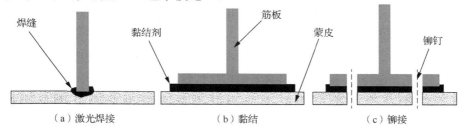

图 1.5　飞机机翼筋板与蒙皮激光焊接和黏结、铆接结构对比[16]

在汽车工业领域，激光焊接技术应用最早、最广泛的是大众汽车。早在 1993 年，激光就被用于车身制造。到 1997 年，大众汽车有三款带有激光焊接车顶的车型。大众 GolfV 车身上激光焊接长度为 5340mm，激光钎焊长度为 3400mm。大众 Polo 的全身激光焊接总长度为 6591mm。在大众的沃尔夫斯堡工厂，有 150 个 4kW 的 Nd:YAG 激光器、250 个激光焊接接头和 3 个激光切割头[29]。在世界运输工具加速轻量化的进程中，用铝合金、镁合金等轻质材料替代钢材已成为汽车工业的发展方向。结构完整性、轻量化和低成本制造的要求使得焊接代替铆接成为工业制造的必然选择。在此背景下，轻合金激光焊接技术的研究和应用发展迅速，如奥迪 A2 全铝车身激光焊缝总长达到 30m[17]。

在造船领域，欧洲的造船业使用激光焊接技术较为成熟。工厂采用激光焊接技术代替传统的焊接方法，可满足船舶轻量化发展的要求，有效地提高了焊接效率和焊接质量[30]。激光焊接在造船领域应用广泛[31]。适用于激光焊接的主要部件是甲板和舱壁。在潜艇制造中，激光被用来切割和焊接高强度钢材，修复大型低速机活塞缺陷，可使低速机活塞部件工作时间长达数千小时。

1.1.3　激光微纳制造技术

进入 21 世纪信息时代后，世界上发达的工业国家开始追求制造精密机械，精、小、细、微已成为现代制造技术的发展趋势，并渗透到航天、国防、材料、医药、生物等关系国计民生的诸多应用领域。加工微小零件时，由于零件本身尺寸的限制，传统的加工方式会由于量子效应、激子效应等影响使材料的物理、化学等特性发生改变导致加工失败，激光微纳制造技术应运而生。

激光微纳制造技术通过激光与材料的相互作用可以改变材料的状态和性能，实现从微米到纳米跨尺度的控形与控性。激光能量密度（高达 $10^{22}W/cm^2$）、作用空间、时间尺度（短至 $10^{-15}s$）和被加工材料吸收能量的控制尺度都可趋于极端，且制造过程中产生的物理效应、作用机理等不同于传统的制造技术，从而有力地推动了新的制造理念、原理、方法、技术的发展和进步，获得了前所未有的制造效果，不断地刷新着制造尺度的极限[32]。

从制造尺度来看，以纳米制造为例，其特征尺寸至少有一个维度在 1～100nm，包括纳米颗粒、纳米线、纳米管等纳米材料的制备，表面纳米结构的制备，以及三维纳米结构/器件的制造等。工业制造正向着体积更小、功能更强、耗材更少的方向发展，推动了制造技术不断向微纳领域发展[32,33]。

1.2　激光微纳制造技术的特点

以激光微切割、激光微连接、激光微孔加工、激光微刻蚀和激光微成型等为代表的激光微纳制造技术跨越了毫米、微米和纳米多个空间尺度，已经成为现代社会举足轻重的先进制造技术之一。特别是近年来，以高脉冲宽度、高重复频率和高平均功率为典型特征的新一代超快激光的迅速发展和应用为激光微纳制造领域中加工质量、精度、效率三者间的固有矛盾提供了新的解决思路，激光微纳制造技术迎来了新的发展机遇。

1.2.1　加工分辨率高

1. 飞秒激光微纳直写

利用飞秒激光的非线性多光子吸收以及阈值效应，可以实现分辨率达到纳米级的复杂三维结构的加工。飞秒激光表现出的超强能量效应可以使聚焦光强极易达到和超过辐照材料的烧蚀阈值，根据不同材料的烧蚀阈值来控制飞秒激光的输出强度，可实现对材料表面或透明材料内部的微纳加工。图 1.6 是利用飞秒激光亚衍射极限烧蚀技术在钛薄膜表面加工制备的纳米孔阵列结构[34]。近年来，利用非线性光学效应——双光子吸收的飞秒激光微纳加工技术已经成为一种独特的、应用前景广泛的微纳加工技术。当物镜将飞秒激光聚焦到加工介质上时，激光光强在焦点处呈三维空间分布，双光子吸收过程仅发生在具有足够激光强度的微小区域，通过控制辐照在材料上的激光能量密度可以调节双光子吸收的产生空间区域，在适当的激光强度时，可以突破光学衍射极限，将双光子吸收过程控制到远小于激光波长甚至纳米尺度，从而达到进行纳米级加工的目的[35]。

　　利用飞秒激光加工微孔的研究重点主要集中在飞秒激光的加工机理及可加工材料的范围两个方面。例如，1999 年，Zhu 等[47]在金属薄片上利用飞秒激光进行了制备亚微孔阵列的研究。1999~2004 年，德国波思（Bonn）研究所、斯图加特（Stuttgart）大学、汉诺威（Hannover）激光中心等单位与俄罗斯科学院合作，对超快激光加工金属材料的作用机理进行了探讨[48]。

　　研究者在对飞秒激光加工机理的研究中发现，区别于金属材料本身持有大量自由电子，飞秒激光在加工非金属材料（特别是加工透明介质材料）时由于非线性电离效应可以获得高质量的加工结果[49]。Shah 等[50]使用飞秒激光在透明硅酸盐玻璃样品上制备了表面质量好、高深径比的微孔结构，如图 1.16 所示。

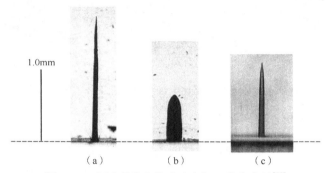

图 1.16　在透明硅酸盐玻璃上加工微孔实验[50]

　　随着研究的深入，为了得到更高质量的微孔，研究者提出了化学辅助激光刻蚀的方法。Sugioka 等[51]提出飞秒激光与酸性溶液辅助加工微孔结构，实验中先用飞秒激光在样件上进行微孔加工，再用配置的 HF 溶液对微孔进行腐蚀加工，最终获得了表面质量更好的微孔结构，如图 1.17 所示。Vishnubhatla 等[52]调整激光的刻蚀速率等参数，获得了直径均匀的微孔结构，如图 1.18 所示，其制备的两个微通道由第三个较小的微通道连接，形成 H 形，具有良好的加工质量。

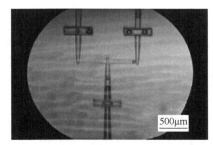

图 1.17　飞秒激光加工后在 10% HF 溶液中
进行二次处理[51]

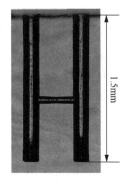

图 1.18　飞秒激光制备两个微通道由
第三个较小的微通道连接[52]

青岛理工大学孙树峰团队[53]提出采用飞秒激光与高温化学刻蚀复合加工技术在合金 IN718 上进行微孔加工实验研究。实验选择了一种能在高温下与 IN718 发生剧烈反应而在室温下不会发生反应的化学溶液，并与在空气和水介质中单独利用飞秒激光加工出的微孔进行了比较，如图 1.19 所示，结果表明利用飞秒激光与高温化学刻蚀复合加工技术可以得到较高质量的微孔结构。

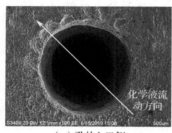

　　（a）孔的入口侧　　　　　　（b）孔的截面　　　　（c）孔的截面局部放大

图 1.19　飞秒激光与高温化学蚀刻复合加工技术制备微孔[53]

1.3.2　激光制备表面微织构

在机械零件、设备和系统中，接触面的摩擦磨损行为直接影响到整个设备或系统的使用寿命、工作效率、承载能力和安全系数。据统计，约 80%的零件损坏和 40%的能量损失是由各种形式的摩擦磨损引起的[54]，由摩擦磨损直接引起的机械零件经济损失达数千亿元[55]。研究发现，具有特定表面微织构的摩擦副能够显著改善工作时的摩擦磨损性能，解决了机械设计、制造、应用和工程管理过程中与摩擦磨损有关的一系列问题，并已成功应用于机械密封、缸套/活塞环、刀具和模具的生产制造中[56]。

具有特定功能的表面微织构的加工制备方法主要包括反应离子刻蚀、表面喷丸处理、电子束刻蚀以及激光加工表面微织构等。反应离子刻蚀需辅助装置或特殊气氛，表面喷丸处理对环境污染较大，电子束刻蚀的成本较高，而激光加工表面微织构具有加工设备结构简单、加工效率和加工精度高、无环境污染、加工对象范围宽等显著优点[57]，表现出制备表面微织构的优越性。

激光加工表面微织构技术可以由两种工艺实现：①使用多样化的掩模用于分割投射到样品上的激光束。该工艺设计灵活、快速、准确，能够创建各种形状的微特征。但是掩模的生产成本较高，限制了该工艺的推广应用[58]。②通过计算机控制系统，控制激光器的扫描路径，可以加工多种表面微织构，但是微织构的每个图案均需要单独加工，加工效率低，时间成本较高。

激光加工表面微织构的质量容易受到热影响区、表面缺陷层（毛刺或凸起）等的影响，当激光照射到基体上时，会引起基体自身冶金性能的变化。当微织构的体积占基体的 14%～22.5%时，热影响区的体积可达基体的 50%～100%[59]。

　　激光加工表面微织构的形貌有圆形凹坑、方形凹坑、鼓包凸起、凹槽、V 形凹坑、椭圆形凹坑、网格及其组合等。Charitopoulos 等[60]设计了凹凸形和波浪形的织构形貌,并分析了织构形貌对材料摩擦过程中润滑性能的影响。Costa 和 Hutchings[61]对比了平行沟槽和 V 形沟槽这两种织构在材料摩擦过程中对润滑剂油膜厚度的影响。何江涛[62]对比了组合结构与单一结构微织构对摩擦性能的改善,如图 1.20 所示,得出三角形和圆形组合的微织构表面能够明显改善单一微织构摩擦系数波动较大问题,同时具有较小的摩擦系数的结论。

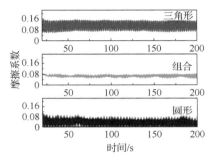

图 1.20　不同形貌的微织构对摩擦性能的影响[62]

　　特定形貌的表面微织构依靠优异的减磨润滑性能,被广泛应用于刀具、齿轮、轴承、计算机硬盘、内燃机活塞与气缸套系统等零部件的表面加工制造中[63]。山东大学邢佑强等[64]在陶瓷刀具表面加工不同几何形状的微纳织构,在干切条件下进行切削淬火钢试验。研究结果表明,纳米织构陶瓷刀具能够有效降低切削力、改善刀具黏结现象、减小刀具前刀面的磨损凹坑以及减少磨粒磨损;微纳米复合织构自润滑陶瓷刀具能够有效降低切削力、减小刀具磨损和改善刀具切削性能。苏州大学邓大松等[65]将微织构应用到麻花钻上,在高速钢麻花钻的前刀面加工出沟槽形表面微织构,并进行干钻削 45 钢试验。结果表明,表面微织构能够有效降低钻削力、增大钻屑卷曲,同时也能捕捉和容纳细小钻屑、减缓钻头磨损。宋起飞等[66]在汽车制动盘铸铁表面利用激光加工出微织构,发现增加微织构后的摩擦副磨损量明显减小。南京航空航天大学袁明超[67]研究了表面织构对活塞环/缸套摩擦副的摩擦学性能影响,发现表面有微织构的试件能够有效降低摩擦副间的摩擦系数。山东大学吴泽等[68]使用激光加工技术,在硬质合金刀具前刀面上加工出一定规格的沟槽微织构。试验结果表明,与普通刀具相比,前刀面具有微织构能显著降低刀具切削阻力,降低刀具前刀面磨损。

1.3.3　激光微纳增材制造技术

　　激光微纳增材制造技术依靠激光在微纳制造领域的优势,将增材制造技术的加工制造尺寸设定在微纳米级别。激光微纳增材制造技术包括基于双光子聚合的三维激光直写技术、微激光烧结（micro laser sintering，MLS 或者 laser micro sintering，LMS）技术等[40]。其中飞秒激光双光子聚合技术是激光微纳增材制造技术的典型代表。

飞秒激光双光子聚合技术加工三维微器件是通过控制激光焦点在被加工材料内的三维扫描运动和激光束的通断来实现的。被加工材料放置在三维移动台上，计算机根据所设计的微型零部件图形控制三维移动台以一定的扫描方式（如行栅扫描、轮廓扫描等）实现微型零部件的加工。飞秒激光双光子聚合技术加工系统框图如图 1.21 所示[69]，该系统集超快激光技术、显微技术、超精密定位技术和 CAD/CAM 技术于一体。整个系统包括的装置如下。

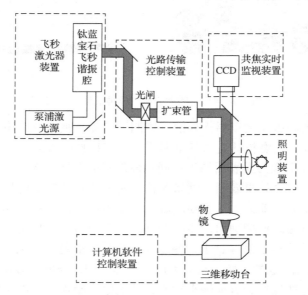

图 1.21　飞秒激光双光子聚合技术加工系统示意图

（1）飞秒激光器装置。主要由泵浦激光源和钛蓝宝石飞秒谐振腔构成。光源的平均功率为 400mW，脉冲宽度为 80fs，重复频率为 80MHz，单个脉冲能量为 5nJ，中心波长为 800nm。此波长适合加工对 400nm 波长敏感的 S-3 光刻胶。

（2）光路传输控制装置。主要有滤光、能量调节、光斑扩束、光闸开关和物镜聚焦等功能部件。从谐振腔出来的飞秒激光经过 800nm 高透和 532nm 高反滤光片，使得 800nm 波长的激光透过；经过连续吸收型能量衰减器，调节得到所需的激光能量。光闸开关为电磁式机械开关，由一个振镜扫描器和一个铝板挡块构成，用于控制激光的通断，开启延时小于 2ms，斩断延时小于 1.2ms。飞秒激光从光闸开关出来后，经过反射银镜导入扩束管进行准直和放大，扩束管前端透镜为 ϕ 16mm，后端透镜为 ϕ 16mm，总长为 54mm，放大倍数为 2.66。扩束后的激光经过一个 45° 双色分束镜导入物镜进行聚焦，分束镜不但能高反 750～850nm 波段的红外光，而且能高透 400～700nm 波段的可见光，因此既可以将 800nm 波段的飞秒激光反射到物镜进行聚焦，又能保证照明装置提供的 400～700nm 波段可见光透过，以便对物镜像平面进行观测。最后选用大数值孔径（NA=1.25，油浸）和高放大倍率（100 倍）的聚焦物镜对飞秒激光进行聚焦。

（3）共焦实时监视装置。借助显微镜系统，可辅助激光对焦并对加工过程进行实时监视。

（4）三维移动台。由计算机控制承载着被加工材料的三维移动台按照所需路径相对焦点移动，完成扫描加工。采用德国 PI 公司生产的 P-527.3CL 型三维移动台，其 x、y 轴扫描分辨率为 2nm，z 轴扫描分辨率为 0.1nm，x、y 和 z 轴行程分别为 200μm、200μm 和 20μm。

（5）计算机软件控制装置。控制三维移动台根据设计的实体模型运动和光闸通断实现工件的自动加工，具体包括实体建模、实体分层、生成扫描路径、控制光闸通断和三维移动台运动等功能。

1.3.4　激光微纳连接技术

不论在宏观尺度还是在微观尺度，连接技术都是结构制造、功能器件制备和组装过程的重要工艺技术。激光微纳连接技术是指利用激光的热效应将尺寸在微纳米级的材料和其他材料连接起来的工艺技术。激光微纳连接技术相对于常规激光连接技术，只是在功能材料中引入了微纳米尺度结构，如激光焊接的接头尺寸至少有一个小于 1mm，或者所得焊缝尺寸小于 1mm，则该激光焊接过程可归结为激光微纳连接技术的范畴[70]。近年来，超快脉冲激光特别是飞秒激光被认为是纳米材料连接和表面工程的有力工具。飞秒激光辐照可以使固体材料发生瞬间非热熔化，未来极有可能发展成为纳米器件连接的主流技术之一。在激光微纳连接领域中主要采用的是激光微焊接、激光钎焊、激光无钎焊等工艺方法[71]。目前，激光微纳连接技术已经成功应用于纳米材料、生物技术和集成电路等多个领域，具有非常广阔的应用前景。

在纳米材料的应用方面，激光微纳连接技术通过利用光束直径非常小的激光束来实现微纳米尺度的点和线的连接，在合适的激光能量密度辐照下能够使金属表面发生微熔，改变金属表层组织结构性能，使金属或非金属纳米材料在高能激光束的作用下嵌入结构组件中。图 1.22 是利用激光微纳连接技术组装的纳米器件。

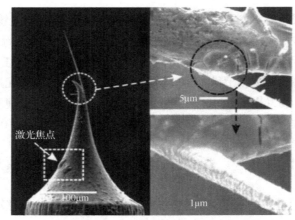

（a）激光点焊组装单根氧化钨纳米尖　（b）结合点放大的SEM图

图1.22　利用激光微纳连接技术组装的纳米器件[71]

　　在集成电路的应用方面，激光微纳连接技术可以用来实现集成电路内部引线与基体的高质量连接。集成电路内引线的连接不仅要求连接点强度好，而且要求连接点尺寸一般不能大于150μm，熔深必须控制在50μm以内；此外，在连接过程中，不容许有金属或残渣的飞溅，以免损坏集成电路管芯。脉冲激光由于具有强度高、聚焦光斑小、作用时间短、热影响区较小、可连接难熔材料、工件不会产生大的形变等优点，在集成电路的制造过程中获得了广泛的应用。

　　在生物医学上的应用方面，Esposito等[72]将激光微纳连接技术应用于人体脑内微血管缝合手术中。整个微血管缝合过程需要使用红外热成像技术对连接温度进行实时监控，以控制对血管壁外部表面上激光诱导的热效应。手术结果表明，激光辅助缝合后的微血管所有的旁路均通畅，没有血栓形成或出现泄漏点的迹象，有效缩短了血管阻塞时间，降低了脑缺血的风险，加快了血管缝合进程，证实了该技术的可行性和安全性。

　　综上所述，激光微纳连接技术已在多个领域中得到成功应用，体现了该技术的先进性和优越性。但激光微纳连接技术也存在连接过程中激光能量密度分布、冷却速度/凝固结构、流体流动稳定性、表面张力、扭曲变形等因素的控制困难缺陷，严重影响材料的连接质量。总体而言，激光微纳连接技术还不够成熟，尚处于技术探索阶段，需要进行进一步的深入研究。激光微纳连接光束尺寸、光束特征，光与物质的相互作用机理，以及微纳连接过程的数值模拟、温度测量和控制图形处理的集成等方面都是激光微纳连接技术未来值得研究的重点[73]。

1.3.5　激光微纳改性技术

　　激光与微纳材料的相互作用是一个复杂的过程，由激光波长、脉冲宽度、能量

[66] 宋起飞，周宏，李跃，等. 仿生非光滑表面铸铁材料的常温摩擦磨损性能[J]. 摩擦学学报, 2006, 26（1）：24-27.

[67] 袁明超. 表面织构对活塞环/缸套摩擦副摩擦学性能的影响[D]. 南京：南京航空航天大学, 2009.

[68] 吴泽，邓建新，亓婷，等. 微织构自润滑刀具的切削性能研究[J]. 工具技术, 2011, 45（7）：18-22.

[69] 孙树峰，王萍萍，薛伟. 基于飞秒激光双光子的微齿轮加工技术研究[J]. 机械工程学报, 2011, 47（23）：193-198.

[70] 刘泽. 纳米焊接机理的模拟研究[D]. 上海：上海海洋大学, 2015.

[71] 安帅. 单根氧化钨纳米尖的激光点焊组装及其场致电子发射特性研究[D]. 广州：中山大学, 2007.

[72] ESPOSITO G, ROSSI F, PUCA A, et al. An experimental study on minimally occlusive laser-assisted vascular anastomosis in bypass surgery: The importance of temperature monitoring during laser welding procedures[J]. Journal of Biological Regulators & Homeostatic Agents, 2010, 24（3）：307-315.

[73] 孔龙. 激光纳米焊接技术的实验研究[D]. 上海：上海海洋大学, 2016.

[74] 刘琳，刘宏微，吕俊鹏. 聚焦激光束在微纳材料中的应用[J]. 物理, 2019, 48（12）：809-816.

[75] CHERKASOV N, IBHADON A O, REBROV E V. Novel synthesis of thick wall coatings of titania supported Bi poisoned Pd catalysts and application in selective hydrogenation of acetylene alcohols in capillary microreactors[J]. Lab on a Chip, 2015, 15（8）：1952-1960.

[76] 王欢. 功能微流控芯片的激光制备及应用[D]. 长春：吉林大学, 2017.

第 2 章　激光微纳制造原理

激光是 20 世纪的伟大科技发明之一，对人类社会的各个方面都产生了深刻的影响。超短脉冲激光具有极高的瞬时功率，其脉宽可缩短至飞秒量级，因此与传统的连续激光以及长脉冲激光相比，超短脉冲激光的材料去除机理发生了本质的变化。图 2.1 为激光与金属、半导体、绝缘体的相互作用过程。

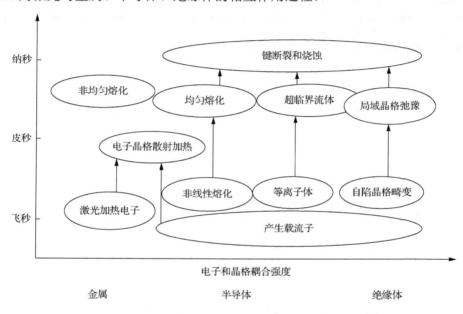

图 2.1　激光与金属、半导体和绝缘体相互作用的原理图[1]

激光脉宽是影响激光高精度加工的重要因素，随着现代科技的迅速发展，激光脉宽已经压缩至飞秒量级，能够为激光加工提供超强的功率密度，加工尺寸也突破衍射极限达到纳米级。飞秒脉冲作为超短脉冲的典型代表，具有脉宽窄和峰值功率高的两大优势。相比较长脉冲激光而言，飞秒激光在金属加工过程中具有极大的优势和独特的烧蚀机理[2]。早在 1974 年，Anisimov 等[3]提出双温模型，分析了激光与物质相互作用过程中的电子与晶格两个系统的非稳态热传导方程，推导了金属中电子和晶格的温度场演化规律。当飞秒激光等超短脉冲激光烧蚀材料能量密度足够大时，强激光脉冲聚焦于材料表面，非线性吸收处于主导地位，激光束能量呈现高斯分布，中心部位的光强最强，仅有焦斑中心的区域可发生反应，可在金属、半导体、有机物与透明材料等各种材料表面及内部造成烧蚀改性及破坏，从而达到微纳加工的目的[4]。

　　本章首先介绍激光以及激光器的相关基础知识，对长脉冲激光以及超短脉冲激光与金属、透明介质、有机物与复合材料等典型物质相互作用的机理进行对比介绍；然后以气相、液相、固相三个方面分别阐述激光加工环境的影响，并结合当前相关研究应用进行介绍；最后重点对超短脉冲激光中出现的一些典型物理现象及其产生的机理进行介绍，对相关物理现象的研究以及应用前景进行探讨。

2.1　激光器的工作原理

2.1.1　激光产生的机理

　　光量子学说认为，光是一种以光速运动的光子流，与其他粒子一样，具有质量、能量和动量。光子的粒子性和波动性具有如下关系：

　　（1）$E = h\nu$，其中，E 为光子能量，ν 为光波频率，h 为普朗克常数；

　　（2）$m = \dfrac{E}{c^2} = \dfrac{h\nu}{c^2}$，其中，$m$ 为光子的运动质量（静止时运动质量为零），c 为光速；

　　（3）$P = h\kappa$，其中，P 为光子的动量，κ 为单色平面波的波矢；

　　（4）光子的两种独立偏振状态与光波场的两个独立偏振方向相对应；

　　（5）光子与其他微观粒子一样，具有内禀角动量，即自旋，而且自旋量子数为整数。

　　光与物质的共振相互作用中受激辐射是激光器的基础。从光量子概念出发，爱因斯坦重新推导了黑体辐射的普朗克公式，得到光和物质原子的相互作用包括自发辐射跃迁、受激辐射跃迁和受激吸收跃迁三种。若只考虑原子的两个能级 E_1 和 E_2，其原子数密度分别为 n_1 和 n_2，二能级原子能级如图 2.2 所示。

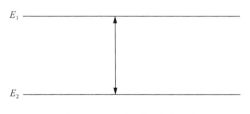

图 2.2　二能级原子能级图

E_1 为高能级，E_2 为低能级

1. 自发辐射跃迁

处于高能级 E_1 的原子自发地向低能级 E_2 跃迁，跃迁的过程中辐射出一个能量为 $h\nu$ 的光子，此过程称为自发辐射跃迁，如图 2.3 所示，$E_1 - E_2 = h\nu$。

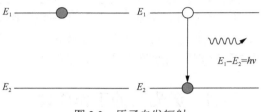

图 2.3　原子自发辐射

E_1 为高能级，E_2 为低能级

2. 受激辐射跃迁

处于高能级 E_1 的原子，在频率为 ν 的光子诱发下，跃迁至低能级 E_2 并辐射出一个能量为 $h\nu$ 的光子，即辐射光子与入射光子相同，这种过程称为受激辐射跃迁，如图 2.4 所示。

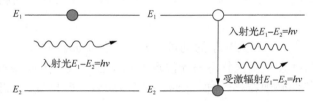

图 2.4　原子受激辐射

E_1 为高能级，E_2 为低能级

3. 受激吸收跃迁

受激吸收是受激辐射的反过程。处于低能级 E_2 的原子，在频率为 ν 的光子的辐射作用下吸收一个能量为 $h\nu$ 的光子，并跃迁至高能级 E_1，这种过程称为受激吸收，如图 2.5 所示。

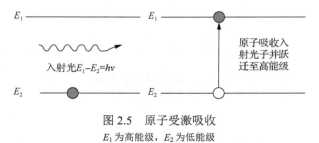

图 2.5　原子受激吸收

E_1 为高能级，E_2 为低能级

2.1.2　激光器的结构及分类

1. 激光器的结构

激光器是激光的产生装置，由工作物质、谐振腔、泵浦源等组成，如图 2.6 所示。泵浦源是激光器的光源，工作物质是指用来实现离子数反转并产生光的受激辐射放大作用的物质体系，有时也称为激光增益介质。谐振腔是泵浦源和工作物质之间的回路。激光器工作时，工作物质通过吸收泵浦源提供的能量，通过谐振腔振荡选模后输出激光。泵浦源和谐振腔是激光器的重要组成部分，直接影响激光输出参数和运转，进而影响激光器的性能。

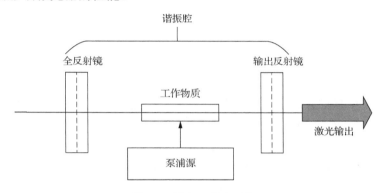

图 2.6　激光器基本结构

1）泵浦源

每种激励都需要外加的激励源，即泵浦源。泵浦源使介质中处于基态能级的粒子不断地被提升到较高的激发态能级上，引起粒子数反转分布。不同的工作物质需要不同的激励源，激励源的选取取决于工作物质，激励方式有光激励、电激励、热激励和化学激励等。

2）工作物质

工作物质可以实现粒子数反转并产生激光，是激光器的心脏。在一定的外界激励条件下，固体、气体、液体和半导体都有可能成为工作物质，进而产生激光，这些能产生激光的物质又叫激光工作物质。选择合适的激光工作物质是构成一台激光器的物质前提，激光工作物质的选择要求是：光学均匀性好、荧光量子效率高、对激光光学透明性好、物理化学性能稳定、导热系数大、寿命长及制造工艺简单等，如氖、氩、CO_2、红宝石及钕玻璃等。

3）谐振腔

由于大多数工作物质受激辐射的放大作用不理想，光波受激辐射放大的部分往往被工作物质中的杂质吸收、散射等。而谐振腔可以加强工作物质受激辐射放大的作用，因此有助于工作物质的受激辐射。谐振腔由全反射镜和输出反射镜组成。谐振腔的光轴与工作物质的长轴重合，光波沿谐振腔轴方向传播，在两反射镜之间来回反射，反复通过工作物质，使光不断被放大；沿其他方向传播的光波很快逸出腔外，致使光波在腔内择优放大，可使输出的光有良好的方向性。另外，谐振腔具有选择频率的作用，只有满足驻波条件频率的光波在沿腔轴往返传播时才能振荡；谐振腔具有光学正反馈作用，当光波多次通过工作物质时不断被放大，形成往复持续的光频振荡；同时谐振腔对光束在方向和频率上有限制作用，能有效控制腔内实际振荡的模式数目，提高光子简并度，控制谐振频率纵模、光斑大小、光束横向分布特性、光束发散角和减少腔内光束损耗等。

2. 激光器的分类

激光器可以按照工作物质、输出波长、运转方式等方式进行分类。

1）按照工作物质

激光器可分为光纤激光器、固体激光器、气体激光器、半导体激光器等，如表 2.1 所示，表中详细介绍了各种激光器的激励源、振荡波长和振荡运转方式。另外，不同激光器的输出功率和应用领域不同。表 2.2 为目前市场上的千瓦级工业激光器的主要性能参数，相对于其他激光器，光纤激光器输出激光束质量好、能量密度高、电光效率高、使用方便、可加工材料范围广、综合运行成本低，因此广泛应用于雕刻/打标、切割/钻孔、熔覆/焊接、表面处理、快速成型等材料加工和光电通信领域，被誉为"第三代激光器"，具有广阔的应用前景。

表 2.1　激光器的分类（按照工作物质）[5]

工作物质		激励源	振荡波长	振荡运转方式
液体	染料	光	紫外光、红外光	连续、脉冲
气体	氦氖	放电	可见光、红外光	连续
	惰性气体离子、镉		紫外光、可见光	连续
	准分子		紫外光	脉冲
	CO$_2$		远红外光	连续、脉冲
	化学	化学反应	红外光	连续
半导体	化合物半导体	电流	紫外光、红外光	连续、脉冲
固体	钕:钇铝石榴石 镱:钇铝石榴石钛蓝宝石	光	红外光 紫外光、红外光	连续、脉冲
光纤	铒、镱、铥	光	红外光	连续、脉冲

表 2.2　目前市场上的千瓦级工业激光器的主要性能参数对比[6]

对比项目	CO₂激光器（气体）	YAG 激光器（固体）	薄盘激光器（固体）	光纤激光器	半导体激光器
波长/μm	10.6	1.06	1.0～1.1	1.0～1.1	0.9～1.0
典型电光效率/%	10	5	15	30	45
光束质量 BPP /（mm·mrad）	6	25	8	<2.5	10
输出功率/kW	1～20	0.5～5	0.5～4	0.5～20	0.5～10
输出光纤波长/μm	不可实现	600～800	600～800	50～300	50～800
冷却方式	水冷	水冷	水冷	风冷/水冷	水冷
占地面积/m²	3	6	>4	<1	1
体积	大	大	较大	非常小	非常小
可加工材料	除 Cu、Al 以外	除 Cu 以外	高反材料亦可	高反材料亦可	高反材料亦可
维护周期/10³h	1～2	3～5	3～5	40～50	40～50
相对运行成本	1.14	1.80	1.66	1	0.8

2）按照输出波长

激光器可分为可见光激光器、红外激光器、紫外激光器、X 射线激光器、多波长可调谐激光器等。材料的结构不同，可吸收的光波长范围不同，例如，金属对近红外光吸收率较高，所以金属材料加工多采用近红外激光器。

3）按照运转方式

激光器可分为连续激光器和脉冲激光器，其中脉冲激光脉宽有微秒（10^{-6}s）、纳秒（10^{-9}s）、皮秒（10^{-12}s）、飞秒（10^{-15}s）等。

连续激光器可以在较长一段时间内连续输出激光，工作稳定、热效应高，特别适合金属材料的连续高速切割、焊接、表面热处理、激光熔敷、激光快速成型等宏观加工。

脉冲激光器以脉冲形式输出激光，主要特点是峰值功率高、热效应小、可控性好、光束精细发散小，特别适合高精度打标、精密焊接、精密切割等微观领域加工。随着输出功率的增大，其加工材料已经逐渐从半导体、玻璃、陶瓷等延伸至合金、单晶金属等高端、高硬度材料（陶瓷基复合材料等）。

2.2 激光与物质相互作用原理

　　激光与介质材料的相互作用一直是物理学的一个重要研究领域。啁啾脉冲放大（CPA）技术的发展使激光脉冲宽度从纳秒、皮秒缩短到飞秒量级，使激光与材料相互作用进入一个全新的领域。激光技术的发展及其对激光与材料相互作用的研究促进了激光技术在化工、医疗、航空等领域的广泛应用和发展，开拓了激光化学、激光医学等交叉学科的研究领域，成为当前研究的热点领域。

　　激光对材料的作用过程如下：能量首先被电子吸收，然后转移到材料晶格，进而均匀扩散到材料整体。超短脉冲激光与材料作用经历载流子激发、热均化、热效应及结构变化等过程，每个过程机理不同，在时间上既相互独立，也相互重叠，如图 2.7 所示[7]。本节将分别给出激光脉冲与金属、透明介质、有机物和复合材料的相互作用原理。

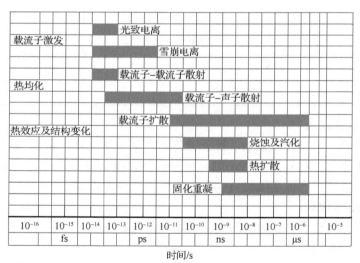

图 2.7　不同时间范围内激光与物质的相互作用过程

2.2.1　激光与金属相互作用

　　激光与金属材料相互作用的本质是光场与物质结构之间的相互作用，即光学、热力学和力学等学科之间相互作用的复杂过程[8]。金属材料吸收激光后会发生光致电离和逆韧致吸收，当激光的大量能量被吸收后，经转化后剩余的能量会积累在金属材料内部，引起金属材料内部粒子间的相互碰撞，并引起材料受辐射位置温度升高。当温度高于金属材料的熔点时，材料开始出现熔融、汽化等现象。随着激光束能量的持续升高，被汽化而形成的物质在极短时间内会出现多光子雪崩电离现象，进而导致光学击穿现象。伴随光学击穿现象的发生以及材料温度的持续升高，高温高压的等离子体便会不断出现[9]。下面分别介绍长脉冲激光和超短脉冲激光与金属的相互作用。

1. 长脉冲激光与金属的相互作用

金属材料对长脉冲激光的吸收有两个衡量条件：一是激光的能量强度，当激光强度足够大时，发生非线性吸收；二是材料本身的性质，金属材料中自由电子的数量决定了材料对激光的吸收机制。当激光辐照金属材料时，金属表面和内部会形成不均匀的温度场，从而产生相应的应力场，当材料的局部应力大于其自身的屈服极限时，材料就会产生变形。

目前，主要采用有限元法分析模拟长脉冲激光辐照金属靶材的温度场。激光的辐射作用可以作为热源，在加热过程中温度场及其随时间变化的规律可以指导各种激光加工技术。对于各向同性的均匀材料，热传导偏微分方程为

$$\rho C \frac{\partial T}{\partial t} = \frac{\partial}{\partial x}\left(K \frac{\partial T}{\partial x}\right) + \frac{\partial}{\partial y}\left(K \frac{\partial T}{\partial y}\right) + \frac{\partial}{\partial z}\left(K \frac{\partial T}{\partial z}\right) + Q(x,y,z,t) \qquad (2.1)$$

式中，ρ 为材料的密度；C 为比热容；t 为时间；K 为导热系数；$Q(x,y,z,t)$ 为单位时间、单位空间产生的热量。金属材料在受热过程中，随着温度的升高，其热物理参数不断变化，很难求出热传导方程的解析解[10]。但是，大多数材料的热物理参数随温度变化基本不变，所以可以近似地将其看成常数，就能近似求出式（2.1）的解析值。虽然材料在激光辐射作用下遵循热力学的基本规律，但是在激光加工过程中，材料的吸收率及其相关的热物理参数随温度的变化是非常复杂的，所以至今尚无与实际情况吻合度很高的热源模型。理论解析和数值仿真只能作为激光加工过程中的热力学参考。在实际加工过程中，当长脉冲激光作用于金属材料的表面时，由于脉冲持续时间（脉冲宽度）较长，超过了热量在晶格间传递的时间，因而在金属的表面和内部发生一系列的物理、化学变化过程[11,12]。

（1）冲击强化。激光束在达到一定激光能量及辐照时间后，将会在金属材料表面造成局部压应力，出现材料表面冲击强化的现象。

（2）热吸收。激光束辐照在材料表面时，大部分会被金属材料吸收，但有一部分能量会被浪费（折射或者散射）。材料内部的大量自由电子吸收能量发生跃迁，电子相互碰撞将能量以热能形式传递到晶格上，晶格温度升高并将热量在晶格间相互传递，进而使金属材料整体升温。

（3）表面熔化。激光束的光能逐步转换为热能，在辐照区域产生局部高温，当超过金属材料的熔点后，材料表面熔化，随着辐照时间延长，热影响区不断扩散，

熔池向内部发展。

（4）汽化。激光束能量与功率密度更大时材料表面将会出现汽化和等离子体现象。当激光束的强度、密度足够高时，可在材料的表面产生氧化和等离子辐射。随着激光辐照时间的延长，熔池的表面发生氧化，并开始生成等离子体，形成表面烧蚀。

（5）复合。激光辐照产生的氧化物和等离子体会对入射激光造成屏蔽现象，但随着激光辐照时间延长，该屏蔽效应会被减弱，进入一种自持调整状态，也就是菲涅耳吸收现象，此过程的出现与入射光的强度和时间的特性以及材料的组织性能密切相关。

2. 超短脉冲激光与金属的相互作用

近年来，超短脉冲激光在精密加工领域备受关注，由于超短脉冲激光的脉宽短于电子弛豫时间和电子-声子弛豫时间，使"非热加工"成为可能。激光对不同材料产生烧蚀作用时，只有在激光的能量密度达到一定值时，材料才能发生改性破坏，这个激光能量密度的定值就定义为被烧蚀材料的烧蚀阈值。相比于长脉冲激光加工，超短脉冲激光加工是一个非线性、非平衡过程，且阈值效应明显，热影响区与重铸层极小、精确度高，在近十几年被广泛应用于微纳制造领域[13,14]。

金属中存在大量自由电子，超短脉冲激光与金属靶材相互作用时，激光直接加热电子，然后通过电子-声子散射过程缓慢加热晶格，该过程可以用典型的双温方程（TTM）[15]来描述，如式（2.2）和式（2.3）所示。由于金属熔解焓的作用，将热容随温度改变的影响考虑到式（2.3）中。

$$C_e(T_e)\frac{\partial T_e}{\partial t} = \frac{\partial}{\partial x}\left(K_e(T_e)\frac{\partial T_e}{\partial x}\right) - g(T_e - T_1) + s(x,t) \qquad (2.2)$$

$$[C_1(T_1) + \Delta H_m\delta(T - T_m)]\frac{\partial T_1}{\partial t} = \frac{\partial}{\partial x}\left(K_1\frac{\partial T_1}{\partial x}\right) + g(T_e - T_1) \qquad (2.3)$$

熔化吸热：
$$s(x,t) = A\alpha e^{-\alpha x}I(x,t) \qquad (2.4)$$

凝固放热：
$$g = \frac{\pi^2 m_e n_e v_s^2}{6} \qquad (2.5)$$

式中，ΔH_m 为相变焓值；A 为材料对激光的吸收率；α 为材料吸收系数；I 为入射激光强度；C_e 为电子热容；T_e 为电子温度；K_e 为电子导热系数；C_1 为晶格热容；T_1 为晶格温度；K_1 为晶格导热系数；$s(x,t)$ 为激光源项，用式（2.4）计算得到；g 为电子与晶格的能量交换系数；m_e 为电子质量；n_e 为自由电子浓度；v_s^2 为声速。因为 C_e 极小，激光加热电子的速度很快，一般在脉宽之后很短时间内，电子温度便可达到最高值，而电子-声子弛豫过程相对较慢，一般为几十到几百皮秒[16]。所以，通过双温方程可以近似计算出金属材料的加热情况，了解超短脉冲激光加热晶格的动力学过程。

双温方程是建立在傅里叶定律基础上的，但是当加热速度达到飞秒量级的超快过程时，傅里叶定律不再成立，在热传导方程中考虑热波的存在和传播过程[17]，双温方程演化为改进的双温方程（ETTM），如式（2.6）和式（2.7）所示，其中 τ 定义为时间。

$$\tau \frac{\partial^2 u_e(T_e)}{\partial t^2} + \frac{\partial u_e(T_e)}{\partial t} - \frac{\partial K_e(T_e)}{\partial x}\frac{\partial T_e}{\partial x} - K_e(T_e)\frac{\partial^2 T_e}{\partial x^2} = \left(1 + \tau\frac{\partial}{\partial t}\right)s(x,t) - g\left(1 + \tau\frac{\partial}{\partial t}\right)(T_e - T_1)$$

（2.6）

$$(C_1 + \Delta H_m \delta(T - T_m))\frac{\partial T_1}{\partial t} = \frac{\partial}{\partial x}\left(K_1\frac{\partial T_1}{\partial x}\right) + g(T_e - T_1)$$ （2.7）

尽管改进的双温方程弥补了一些理论上的缺陷，但是仍然不能与飞秒激光烧蚀金属的实际情况完全吻合，只能作为激光与金属相互作用过程中能量传递和热传递过程的理论参考[18]。

超短脉冲激光照射到金属材料表面时，材料表面的大量自由电子吸收能量并迅速被激发，陆续会发生一系列的物理、化学变化过程。

（1）金属材料受激光辐照，自由电子在激光的作用下产生高频振动，自由电子发生相互碰撞[19]。

（2）光子通过逆轫致辐射瞬间加热电子，电子很快达到最高温度，此时材料瞬间汽化，产生的等离子体向外喷溅，实现材料的去除[20]。

（3）电子向外辐射声子，将能量通过声子传递给晶格，热量由电子传递到晶格，发生电子-声子耦合。但激光脉冲宽度远小于电子冷却时间，故在脉宽内还未发生热量在晶格间的传递（称为晶格-晶格耦合），晶格之间温度基本不变，因此飞秒激光加工称为"非热过程"。

另外，在第三阶段，能量通过晶格之间的相互碰撞向材料内部传递，经过几百毫秒传递到激光穿透的深度位置。这个过程中，自由电子和晶格先后在不同的时间达到温度峰值，电子与晶格处于非平衡状态，因此超短脉冲激光与金属相互作用过程称为非线性吸收的非平衡过程。

2.2.2　激光与透明介质相互作用

较低功率的激光入射到透明介质时，只有很小的能量被吸收，透明介质展现出很强的透光能力。当入射激光的功率密度达到透明介质的烧蚀阈值时，透明介质会变得不再"透明"，从而表现出对激光束强烈的吸收性能，但非金属材料（包含透明介质）并不像金属材料那样具有大量的自由电子，所以透明介质和金属对激光的吸收机理完全不同[21]。在超短脉冲激光与透明介质相互作用时，吸收过程只发生在高于烧蚀阈值焦点处的很小体积内部。透明介质材料中的自由电子很少，通过双光子和多光子过程吸收激光能量，激光辐照时主要发生由材料缺陷和杂质导致的热致激发过程和隧穿电离过程。光子吸收与激光强度的平方成正比[22]，激光强度决定了透明介质加工过程中多光子电离过程和隧穿电离过程哪个占主导地位[1]，原理如图 2.8 所示。①当激光脉冲电场视为微扰时，发生多光子电离，如图2.8（a）所示。②当激光脉冲电场足够高时，能带严重扭曲，导致隧穿电离，如图 2.8（b）所示。③透明介质内部的少数种子电子连续吸收光子能量，直至具有一定的动能，该过程称为载流子吸收。当入射激光的能量密度变大时，处于原始状态的电子因碰撞电离出电子并作用于其他价带电子，这样的作用过程会使得导带中的自由电子数目呈现指数型增长，该现象称为"雪崩"，这一过程称为雪崩电离过程。雪崩电离首先是自由载流子吸收，接着是碰撞电离，如图2.8（c）所示[23,24]。可以认为，当激光脉冲宽度大于50fs 时，雪崩电离无法忽略。当生成的等离子体的密度达到或超过临界密度时，透明介质将具有类似金属的特性，迅速吸收激光的能量，最后引起材料的烧蚀和损伤[25,26]。

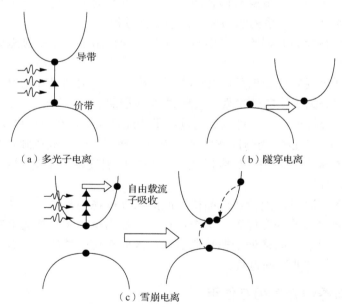

（a）多光子电离　　　　　　　　　　　（b）隧穿电离

（c）雪崩电离

图2.8　飞秒脉冲与透明介质相互作用的三种典型电离过程

另外，可以借助电子分布函数的动力学方程（式（2.8）和式（2.9））描述透明介质中电子的雪崩。对于电介质材料，存在一个远远大于光子能量的带隙

$U_I\left(U_I\geqslant\hbar v\right)$，$t$ 时刻，能量处于 $\varepsilon\sim\varepsilon+\mathrm{d}\varepsilon$ 的电子数密度可以用福克-普朗克（Fokker-Planck）动力学方程给出：

$$\frac{\partial f(\varepsilon,t)}{\partial t}+\frac{\partial}{\partial t}\left[V(\varepsilon)f(\varepsilon,t)-D(\varepsilon)\frac{\partial f(\varepsilon,t)}{\partial t}\right]=\frac{\partial f(\varepsilon,t)}{\partial t}+\frac{\partial J(\varepsilon,t)}{\partial\varepsilon}=S(\varepsilon,t)\qquad(2.8)$$

$$V(\varepsilon)=R_J(\varepsilon,t)-U_{\mathrm{photon}}\gamma(\varepsilon)=\frac{\sigma(\varepsilon)E^2(t)}{3}-U_{\mathrm{photon}}\gamma(\varepsilon)\qquad(2.9)$$

式中，通量 $J(\varepsilon,t)$ 代表直接加热与损失的部分；U_{photon} 为光子特征能量；R_J 代表传导率为 $\sigma(\varepsilon)$ 的电子焦耳热；$D(\varepsilon)$ 为能量辐射系数，根据式（2.10）计算：

$$D(\varepsilon)=\frac{2\sigma(\varepsilon)E^2\varepsilon}{3}\qquad(2.10)$$

式中，ε 为电子能量；E 为振荡频率为 v 的电场。

$$\sigma(\varepsilon)=\frac{\varepsilon^2\tau_{\mathrm{m}}(\varepsilon)}{m^*[1+v^2\tau^2(\varepsilon)]},\qquad\gamma(\varepsilon)=\frac{1}{\tau_{\mathrm{m}}(\varepsilon)}\qquad(2.11)$$

式中，$\gamma(\varepsilon)$ 为电子能量到晶格的传导率；$1/\tau_{\mathrm{m}}$ 为传输散射率，两数值与能量呈平方关系[20]。

式（2.8）最后一项代表源项，包括碰撞电离 R_{imp} 以及多光子电离 R_{pi}，即

$$S(\varepsilon,t)=R_{\mathrm{imp}}(\varepsilon,t)+R_{\mathrm{pi}}(\varepsilon,t)\qquad(2.12)$$

$$R_{\mathrm{imp}}(\varepsilon,t)=-v_i(\varepsilon)f(\varepsilon)+4v_i(2\varepsilon+U_I)f(2\varepsilon+U_I)\qquad(2.13)$$

式中，U_I 为带隙，v_i 为碰撞电离速度。

在经历局部高温时，等离子体大多聚集在透明材质内部发生强烈的扩张与膨胀，受周围材质限制产生微小爆炸，从而形成一系列的细小空腔状微结构，即永久性损伤结构。对于透明介质的内部加工，内部材料不会蒸发或者飞离，只会在内部形成折射率分布（熔化）的变化和空洞（喷流），随激光强度的增加，透明介质的改变如图 2.9 所示。

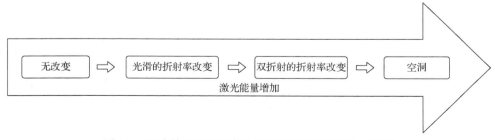

图 2.9　飞秒激光与透明介质相互作用的物质变化示意图

下面将分别介绍长脉冲、超短脉冲激光在透明介质中的损伤机理。

1. 长脉冲激光对透明介质的损伤机理

长脉冲激光辐照透明介质时，在一个脉冲宽度内，激光辐照在材料表面产生的能量有充足的时间由电子传递给晶格，而传递给晶格的能量由焦点处向外热扩散。

长脉冲激光辐照于透明介质，在其一个脉冲宽度内，材料内部的种子电子在吸收激光光子后转变为自由电子，进而将光能转变为自由电子的动能，能量在电子间以振动形式传递，从而产生更多的自由电子，这称为雪崩电离。长脉冲激光作用时间较长，种子电子雪崩电离可以充分进行以增加电子的密度。另外，如果透明材料中含有缺陷和杂质，即材料内部具有大量较易电离的电子，将明显降低激光烧蚀阈值。

2. 超短脉冲激光对透明介质的损伤机理

超短脉冲激光的每一个脉冲宽度相较于长脉冲激光更短，材料的损伤过程更快。当透明材料受到超短脉冲激光照射后，在一个脉冲宽度内，材料吸收激光能量后能在极短时间内由电子传递给晶格内部，大大缩短热量在晶格间相互传递时间，材料加工区域温度基本保持不变，这就减少了剩余能量在材料中的累积以抑制热影响区的产生。导带电子在极短时间内吸收了大量能量被迅速加热，种子电子吸收能量摆脱了束缚，吸收的激光能量转化为电子动能，进而发生雪崩电离。而电子间相互碰撞产生的热量在一个脉冲宽度内来不及过多传输到晶格，很难在晶格间进行热扩散，因此超短脉冲激光可用于对透明介质等材质的微纳精密加工。

就超短脉冲激光而言，其功率密度为 $10^{13} \sim 10^{15} \mathrm{W/cm^2}$ 时，主要电离方式为多光子电离；当激光功率密度达到 $10^{15} \mathrm{W/cm^2}$ 以上时，出现隧穿电离[27]。与长脉冲激光相比，超短脉冲激光造成损伤部位形貌更加符合预期，尺寸可达微米甚至纳米级，更有利于高精度加工，且超短脉冲激光的脉宽更短，能有效控制被加工部位的热扩散现象，从而实现"冷加工"。因此超短脉冲激光被视为更为理想的微纳加工工具，应用前景广阔[28]。

2.2.3　激光与有机物相互作用

激光与有机物的相互作用机理与金属和无机物不同，有机物中没有自由电子，因此激光与有机物的相互作用一般用烧蚀性光分解（ablative photo decomposition，APD）来解释[18]，主要分为光化学和热物理两个过程，这两个过程在时间和空间上互不独立、相互关联。激光与有机物之间相互作用的影响因素有激光的波长、激光的能量密度和有机物本身的特性。其作用过程首先是激光辐照材料表面，一部分能量被材料吸收，另一部分能量被辐射散失。

　　光化学过程与激光波长有关，不同波长伴随着不同的化学反应，而反应速度和产物则由激光波长和有机物的分子结构共同决定。当不同波长的激光作用于不同有机物时，将出现不同的相互作用：①当光子能量大于化学键结合能时，有机物材料吸收激光能量而激发电子使得化学键断裂，称为光化学机制[29]；②当光子能量小于化学键结合能时，只吸收单个光子能量无法使化学键断裂，此时激光能量在材料内部累积，最终对材料造成烧蚀损伤，称为光热（热物理）机制。激光辐照时的材料发生变性，产生新的性质和化学物理变化。在此过程中，分解后的粒子与未分解粒子相互碰撞，一部分能量由动能转化为热能参与光热反应。光化学和热物理两个过程在一定的能量密度范围可同时存在，光化学过程中分解后的粒子化学键重组也可能在此过程中恢复到原状态。

　　另外，当短波长（<200nm）的激光与有机物作用时，单光子吸收导致的光分解在激光加工中占主要作用，单光子吸收的能量可以使材料的化学键断裂，导致材料高速分解为分子碎片，其吸收理论模型如图 2.10 所示；而对于波长大于 300nm 的脉冲激光，则多光子吸收占主要作用，有机物可以同时吸收多个光子使有机物直接分解或由化合键断裂而产生高速碎片，其理论模型如图 2.11 所示[18]。

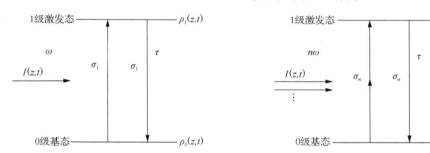

图 2.10　单光子吸收理论图解　　　　　　　图 2.11　多光子吸收理论图解

　　在光刻胶等有机物材料中，飞秒激光的光束聚焦于材料内部时，分子单体会聚合，其中的小分子单体将交联产生链状的大分子有机物，此时有机物材料内部的分子结构也会发生变化，从而导致材料折射率的改变[30]。另外，当飞秒激光聚焦于有机物内部时，材料内部会出现双光子效应，由于双光子聚合区域尺寸很小，激光聚焦在比透明材料更小的尺寸中，可实现尺寸更小的精细加工。例如，微流道的三维结构加工、水凝胶微腔的加工、MEMS 器件（微弹簧系统）等的制备。

2.2.4　激光与复合材料相互作用

　　复合材料是指由两种及两种以上的物质以不同方式组合而成的材料，可发挥各种材料优势，以克服单一材料缺陷，又能通过复合效应提高材料质量[31]。

　　当长脉冲激光辐照复合材料表面时，材料内部的电子先进行单个光子的共振线性吸收变为自由电子，然后将吸收的能量以振动的形式传递到材料内部。当激光能量密度较高时，复合材料受辐照区域瞬间升温，引起材料的熔化与汽化，材料还可能出现一定程度的形变，使材料的损伤更为严重。强激光作用于复合材料结构并引起复合材料的结构失效与激光烧蚀现象是综合热力学、物理、化学等多学科的复杂过程。受热辐射时复合材料结构的破坏形式是多种多样的，与复合材料本身的组成以及纤维与基体的材料性能有关，也与激光的能量密度和脉冲宽度有关，材料对激光各向吸收不同也是由于复合材料中基体与纤维的各向异性，材料内部在相界处产生应力集中，使材料在此处产生损伤并最终导致材料破坏[32]。

　　而超短脉冲激光与复合材料之间的相互作用包括激光能量的非线性吸收过程和材料的去除过程。复合材料对激光能量的非线性吸收过程主要依靠多光子电离和雪崩电离来实现，随后材料内部产生的大量等离子体在达到一定浓度后剧烈吸收后续激光能量，使复合材料局部区域的温度急剧上升，此时材料以汽化及库伦爆炸效应等方式被去除[33]。

2.3　加工环境的影响

　　除了 2.2 节所提到的激光与介质材料的相互作用，激光的参数以及加工环境也将明显影响激光加工的质量。Nibbering 等[34]发现飞秒激光在空气传播过程中将出现圆锥辐射的现象，这一特殊现象将会对激光微孔加工质量造成明显影响。本节将对激光加工环境影响进行分类，从气、液、固三个角度阐述其不同的影响。

2.3.1　气相环境

1. 气相的保护作用

　　激光与材料相互作用过程中的气相环境通常为空气，随着研究的不断展开，研究人员发现在充满保护气体（如惰性气体）或真空环境中，加工质量将得到改善。由于空气中存在强电离现象，激光在传播过程中受到强电离影响，传播效率和距离受限。早在 1996 年，Yoshida 等[35]使用准分子激光器制备 Si 纳米颗粒，研究发现在氦气环境下可以有效阻止 Si 的氧化，Si 纳米颗粒随氦气压强的升高而增大。

2. 气相的传压作用

　　气相环境在激光与材料相互作用过程中可以作为传压介质，提供高压环境，促进反应的进行，以生成目标产物。Liu 等[36]在利用飞秒激光诱导击穿 Ti 等离子体的研究中发现，随着加工环境中气氛压强的增加，等离子体膨胀受约束的作用增强。

3. 气相作为反应介质

气相环境还可以作为反应介质参与激光加工的过程中，主要分为三种情况：第一种是气体作为反应物与激光加工对象发生化学反应，生成新的化合物；第二种是在反应过程中气体充当前驱体，激光直接作用于气体使其发生一系列复杂的化学反应；第三种是前两种情况的结合[37]。例如，Rebello 等[38]利用准分子激光器辐照 0.7% CO 和 99.3% H_2 的混合气体，制备金刚石纳米颗粒，CO 作为前驱体吸收激光辐照生成 C 和 O，并在后续激光的高温作用下生成金刚石颗粒。

2.3.2　液相环境

1. 液相的约束作用

在液相环境下，激光与材料相互作用中生成的等离子体等无法立即膨胀扩散，反而被限制在液体中，产生局部的高压环境，促进激光加工区域反应的持续进行。Liu 等[39]使用准分子激光器辐照水中的铝靶材时，水相压力可以达到 2～2.5GPa。此外，液相本身的约束作用可大幅缩短等离子体的猝熄时间，这就使得生成物的内形核在极短时间内长大，因此大多数情况中，激光加工的生成物质尺度较小。

2. 液相的冷却作用

除约束作用外，液相环境在一些研究中已被证明具有冷却作用，能够在极短的等离子体淬火时间内，使等离子体更多地维持在亚稳态[40]。Yang 等[41]利用脉冲激光对丙酮中的石墨材料进行辐照诱导，在常温条件中制备高压相立方金刚石和亚稳相六方金刚石的混合产物。通过进一步研究发现，激光辐照液体后产生 OH^- 和 H^+ 的汽化粒子将限制石墨中 sp^2 键的增长，反而对其中 sp^3 键的形成有极大促进作用，而金刚石中存在大量 sp^3 键，有助于材料由石墨转化为金刚石。

3. 液相作为反应介质

液相环境也可作为反应介质参与激光与材料的相互作用过程。当激光烧蚀液相中的固体靶材时，液体与金属液滴或气态金属粒子发生反应，形成金属氧化物、硫化物、氮化物等纳米颗粒及其他产物。

Niu 等[42]用波长为 1064nm 的毫秒脉冲激光辐照金属，使其熔化产生毫米级金属液滴。液体的限制作用使金属液滴碎裂为纳米级金属液滴，并与周围液体发生反应，在克肯达尔效应和选择性蒸发机制的作用下，成功制备了空心结构的金属氧化物和硫化物。

此外，在金属盐溶液中进行激光加工时将发生光致还原反应，液体中的等离子体在激光辐照产生的高温环境下被还原生成中性原子，最终生成纳米粒子。1998 年，

Subramanian 等[43]利用 CO_2 激光辐照 $AgNO_3$ 水溶液，溶液中的 Ag^+ 先被还原为 Ag，随着 Ag 的累积聚集，Ag 粒子形核长大，成功得到了尺寸为 10～1000nm 的 Ag 粒子。

4. 液相的修饰作用

当激光与材料相互作用时，液相环境还可以影响最终产物的表面质量与形貌，起到对材料表面的修饰作用。

Tan 等[44]在乙醇、丙烯酸和己烯混合溶液中使用飞秒激光辐照 Si 表面，利用 Si 纳米粒子与周围液体发生加成反应，产物聚集附着在材料表面使得材料表现出良好的疏水性。Yang 等[45]分别在去离子水以及乙醇溶液中利用激光烧蚀硅片制备 Si 颗粒。结果表明在去离子水中得到的 Si 颗粒尺寸明显大于在乙醇溶液中，而且溶液浓度增大，Si 颗粒尺寸随之减小，表明乙醇环境在加工过程中具有细化颗粒的作用。

5. 液相的清洁作用

在激光与材料相互作用过程中表面往往黏附熔渣、碎屑等，液相环境具有清洁作用，在加工过程中出现的空泡现象等会引起液体的流动，从而带走表面附着的杂质。

Kruusing 等[46]对比了空气和水下激光刻蚀的截面图，发现在水中激光刻蚀可以获得较清洁干净的微槽结构。Shaheen 等[47]使用波长为 785nm 飞秒激光烧蚀黄铜，与空气中相比，在水中和乙醇中加工效率更高，烧蚀区域及其周围具有清洁的表面，且沉积碎片较少，如图 2.12 所示。

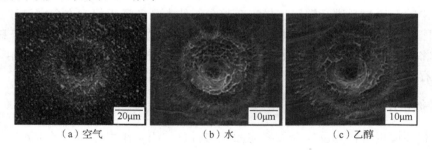

（a）空气　　　　　　　（b）水　　　　　　　（c）乙醇

图 2.12　激光烧蚀不同环境中黄铜的 SEM 图

2.3.3　固相环境

与液相环境相似，由于固体材料空间的限制作用，激光与材料相互作用在固相中生成的等离子体被束缚限制，无法膨胀，在局部产生高温高压环境，起到增压促进反应持续迅速进行的作用。Nian 等[48]针对石英玻璃片采取受限脉冲激光沉积法，在基体上喷涂或溅射沉积制备石墨薄层，再加盖玻璃片。激光辐射过程中，利用石墨层与石英玻璃片作为固相环境，石墨受热气化产生等离子体，等离子在玻璃层之间无法膨胀进而被迫产生局部的高温高压环境，这一条件促进石墨发生相变生成纳米金刚石。另外，在激光冲击强化过程中，固相环境能够约束等离子体并使其产生更高的冲击压力和更长冲击波的持续时间，增强冲击效果[49]。

2.4　超短脉冲激光加工过程中重要的物理现象

通常人们认为激光不能在空气中远距离传输。一方面，空气的色散将引起超短脉冲激光在传输过程中急剧变宽，从而导致激光峰值功率迅速降低。另一方面，光束的衍射效应会限制超短脉冲激光的远距离传输，衍射导致光斑面积变大，将迅速地削弱脉冲的峰值功率[50]。1995 年，美国密歇根大学 Braun 等[51]发现，红外飞秒激光脉冲在空气中传输 10m 后，其功率密度反而变大，该发现与人们的预期相反，即飞秒激光自聚焦现象[52]。

超短脉冲激光与物质相互作用过程中的能量转化机制非常复杂，其中的物理现象引起了国内外众多专家学者的关注。飞秒激光所代表的超短脉冲激光与材料相互作用的主导过程为非热熔过程，将会产生复杂的非线性效应，这与传统的连续激光以及长脉冲激光是大不相同的。相比于连续激光而言，飞秒激光在大气中的传输击穿阈值会明显提高。下面简要介绍超短脉冲激光在加工过程中出现的重要物理现象。

2.4.1　激光成丝

激光成丝是指脉冲激光的峰值功率达到一个临界值，激光束将克服自身的衍射效应而以一个固定的横向尺寸传播远超过瑞利长度数倍的距离，简称光丝[53]。激光成丝简单来说就是飞秒激光在空气中传播时，自聚焦效应与散焦效应达到动态平衡时激光束保持几乎恒定的尺寸长距离传输[54]。

自聚焦效应出现的原因如下：当高能量的超短脉冲激光作用于材料表面时，材料的折射率发生改变，随空间变化出现透镜效应，激光束呈高斯分布，中间部分的强度最强。中间部分的激光照射到的介质引起的折射率改变也更明显，导致中心部分光的传播速度比边缘部分更慢，激光的波束在此过程也发生波形改变，看起来像是光束经过了透镜的聚焦作用[55]。

散焦效应出现在自聚焦效应后，当激光功率密度持续升高达到 10^{13}W/cm^2 时，空气中的氮氧分子发生多光子电离，开始形成具有散焦作用的等离子体[56]。而激光能量累积到一定强度会发生非线性电离，从而导致等离子体大量增加，造成负折射率，进而限制自聚焦效应的出现。

飞秒激光在空气中传播时，自聚焦效应以及散焦效应是同时存在的，当这两种效应达到动态平衡时激光束可以在空气中形成一个很长的等离子体细丝，即激光成丝现象。

在等离子体大量出现的过程中，脉冲的峰值功率损失较大，因此光线传播速度较慢，而脉冲的后沿部分折射率较小，但光线传播速度快，这就导致在激光的后沿部分出现了冲击边缘比较陡的现象，这种现象称为自变陡现象[57]。

在传输过程中，激光的频谱也会随着激光成丝现象的出现而逐步展宽[58]，随后出现相位调制和级联四波混频等引起的超连续谱，这就使得激光成丝现象后的光斑不同位置的频谱不一致，也就是中间部分的波长较长，而四周部分的波长较短，产生锥状辐射[59]。光丝由两部分组成：中心高强度的丝核和外围强度相对较低的能库[60]。在激光向前传输过程中，丝核能量因电离逐步被消耗利用，而能库中的能量可以被传输利用，这使得光丝能长距离传输而不被消耗殆尽[61]。

激光能量密度大到一定程度时，激光使得介质中的原子以及分子出现多光子电离，而且等离子体中的自由电子也将利用逆轫致辐射来消耗激光的能量。

2.4.2　等离子体的蒸发与膨胀

当超短脉冲激光的能量密度大于材料的烧蚀阈值时，材料将吸收激光能量，产生瞬间的高温，以汽化方式去除材料，而汽化的材料继续吸收激光能量并产生大量的高温高压等离子体。材料的表面附近存在高温高密度的等离子体区域称为电晕区，在电晕区靠近材料表面还存在更多等离子区域，称为克努森（Knudsen）层[62]。因为该区域内的等离子体密度非常高，所以此区域等离子体之间将发生剧烈碰撞，这就使得等离子体中的粒子能量状态与数量发生很大变化，出现重组现象，进而使粒子速度在等离子膨胀过程中逐步趋于一致。因此超短脉冲激光辐照材料使材料出现蒸发等离子体的机制与普通的蒸发机制不同之处就在于 Knudsen 层的生成，这也是脉冲激光沉积制备过程中薄膜材料可以与材料本身成分相同的最主要因素[63]。超短脉冲激光辐照材料引发的等离子体的能量极高，一部分通过辐射等方式消耗，另一部分将通过等离子体之间相互碰撞加速，产生向外膨胀[63]。通过研究得知等离子体膨胀一般有两个阶段：当时间短于超短脉冲激光的脉冲宽度时，处在一个等温的膨胀阶段，等离子体一边向周围膨胀一边把自身的能量转化为动能，不断地膨胀扩大。这个阶段温度变化不大，可视为等温阶段。当时间长于激光的脉冲宽度后，等离子体失去激光能量作为其热能恒定的条件，且此阶段等离子体持续加速膨胀，可暂时忽略与外部的热量交换，称为绝热膨胀阶段。

参 考 文 献

[1] 王清月. 飞秒激光在前沿技术中的应用[M]. 北京：国防工业出版社，2015.

[2] 盖晓晨. 飞秒激光微加工的系统建立及工艺研究[D]. 哈尔滨：哈尔滨工业大学，2013.

[3] ANISIMOV S I, KAPELIOVICH B L, PERELMAN T L. Electron emission from metal surfaces exposed to ultrashort laser pulses[J]. Soviet Physics,1974, 66（2）：375-377.

加工和超短脉冲激光加工，下面分别介绍。

1. 长脉冲激光加工微孔

长脉冲激光对金属材料加工微孔时，其作用原理是能量在入射光子-受激电子-声子间传递转化为热能，材料通过固态—液态—气态的三相热熔过程得到逐步去除，而且热扩散过程会影响加工质量。另外，由于激光脉冲持续时间较长，降低了其相应的峰值功率，电子的受激过程只能依赖单个入射光子的共振线性吸收，无法加工对入射激光波长相对透明的材料，加工范围受到材料光吸收特性的严格限制。

在激光与材料相互作用过程中，会产生大量的热，从而对孔周围的材料产生影响，形成热影响区，部分材料会因此产生相变。加工结束后，残留在孔壁上熔化的材料再次凝固形成重铸层，氧化层和重铸层内部常会在凝固的过程中产生大量的微裂纹，其原理示意图如图 3.1 所示。对加工质量要求严格的工件如涡轮叶片气膜孔等进行加工时，不能简单地使用长脉冲激光。为了减少氧化层、重铸层厚度，可以喷射惰性气体。

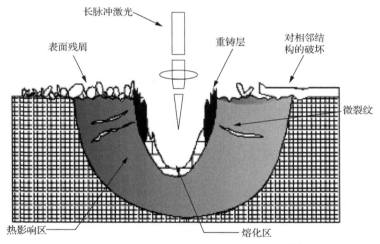

图 3.1　长脉冲激光加工微孔原理示意图[11]

2. 超短脉冲激光加工微孔

超短脉冲激光与材料发生相互作用的机理与长脉冲激光相比有着本质上的区别，由于其脉冲宽度远小于材料中的电子-声子耦合时间，在整个激光脉冲持续时间内，仅需要考虑电子吸收入射光子的激发和储能过程，而电子温度通过辐射声子的冷却和热扩散过程可以忽略不计。激光与物质的作用实际上被"冻结"在电子受激吸收和储存能量的过程，从根本上避免了能量的转移、转化以及热能的存在和热扩散造成的影响。因此当超短脉冲激光入射时，吸收的光子能量将在仅有的几纳米厚度吸收层内迅速积聚，瞬间生成的电子温度将远远高于材料的熔化、汽化温度，最终达到高密度、高温、高压的等离子体状态，实现了激光的非热熔性加工。

超短脉冲激光加工微孔热影响区极小，加工的结构边缘清晰、重铸层极小、可控性极高[1]，其原理示意图如图 3.2 所示。

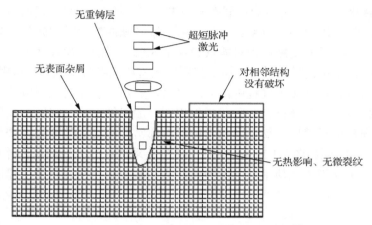

图 3.2　超短脉冲激光加工微孔原理示意图[6]

3.1.2　激光复合加工微孔原理

由 3.1.1 节可知，在长脉冲激光加工微孔过程中会产生大量的热，产生重铸层和热影响区等影响加工质量的缺陷层，因此许多学者对激光复合加工微孔的方法进行了一系列的研究，拟将不同加工方法的优势相结合以期望得到高质量的微孔。

1. 水辅助激光加工微孔技术

水辅助激光加工微孔需将工件浸没在水中，水面与待加工表面有一定的距离，激光束透过水聚焦于待加工的表面，从而进行相应的加工，其原理示意图如图 3.3 所示。水具有较高的比热容，在激光与材料相互作用的过程中产生的大量的热能够被水吸收，被加工区域能够被及时冷却，从而减小材料加工时热影响区的厚度。

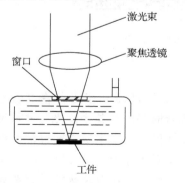

图 3.3　水辅助激光加工微孔原理示意图[11]

通过研究单脉冲激光对于材料的损伤机理发现，水辅助单脉冲激光加工微孔时，当激光照射材料表面的液体时，空泡效应产生的射流有利于材料的去除。但当使用连续脉冲激光加工微孔时，由于溶液对激光的吸收，产生的气泡会对激光产生散射；

激光进入水面会产生冲击波,对激光造成折射,从而改变加工焦点,降低水辅助激光加工微孔的效率。激光进入水中会发生折射,且水对激光会有所吸收,因此激光功率和液体深度的变化共同决定了焦点处的能量密度与光斑直径的变化。在加工过程中,水中会产生气泡,气泡会导致激光发生折射、散射等,进而影响光路,导致光斑的位置产生误差[11]。当然,水辅助的优点也是很明显的,水的参与使熔融材料去除得更干净,且有效减少微孔的重铸层、热影响区,孔口的氧化物堆积也明显减少[11]。

2. 激光与水射流复合加工微孔技术

激光与水射流复合加工微孔技术简称水导激光加工技术,其原理如图 3.4 所示,它将高能激光束与微细水射流耦合,水射流作为光纤使激光在水束内形成全反射,实现在水流内部的传播,并由水射流将激光传播到工件表面对工件进行微孔加工。

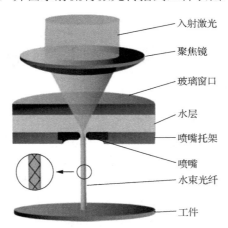

图 3.4　水导激光加工原理示意图[12]

瑞士洛桑联邦理工学院应用光学研究所的科学家证明了使用水射流传导激光的可行性,得出波长为 300～1000nm 的激光适合作为水导激光的光源。

水导激光的核心为激光与水束光纤的耦合,瑞士某公司用光纤将光束导出,使用双透镜将激光和水束耦合。哈尔滨工业大学的试验装置是将高斯光束准直后,经过凸透镜聚焦后直接耦合进射流腔体的喷油孔位置[13]。厦门大学叶瑞芳等[14]成功实现了无衍射光束与水射流的耦合。Kray 等[15]对激光进入水中后的拉曼散射现象进行了研究,发现大功率密度的激光非线性受激拉曼散射现象明显高于小功率密度的激光,且水束光纤的受激拉曼散射阈值远远小于普通光纤。Richerzhagen 等[16]针对温度变化引起的水折射率改变,研究了静态水中的激光传播热散焦现象,建立了相关数学模型,研究了静水中的激光传播热散焦现象。

水导激光加工技术比较适合薄板材的微孔加工，所加工的孔出入口边缘熔渣堆积少、烧蚀痕迹不明显，孔的圆度和通透性也较好，质量明显优于传统方法加工的微孔。

3. 激光高温化学加工微孔技术

激光高温化学加工微孔技术在利用溶液冷却作用的同时，主要借助激光与物质相互作用产生的余热，提高化学液温度，促进化学液的选择性腐蚀，达到去除孔内重铸层等缺陷的目的，其原理如图 3.5 所示。该技术的重点是化学液的选取，根据基体材料选择合适的化学液，该化学液在不腐蚀基体的前提下，可以选择性地腐蚀重铸层等孔内及孔边缘的缺陷。

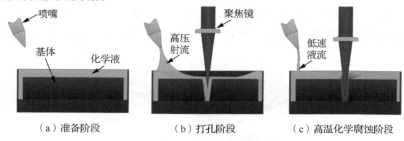

（a）准备阶段　　　　　　　（b）打孔阶段　　　　　　（c）高温化学腐蚀阶段

图 3.5　激光高温化学加工微孔流程图[17]

该方法的优点包括以下方面：激光加工与高温化学腐蚀同步进行，加工效率高，无二次安装定位误差，加工精度高；仅在高温时发生化学反应，通过激光调控微孔内化学液的局部温度，就能实现可控的高温化学加工，去除激光加工微孔壁面的缺陷层（如重铸层、热影响区和微裂纹等），提高微孔内表面质量；在室温时不发生化学反应，激光未照射区域的化学液保持室温，即使加工工件浸泡于化学液中也不会对工件造成额外的溶解腐蚀而影响工件其他区域原有的表面质量。另外，还可以使用激光对溶液温度进行调控，作为孔加工后处理的方法。

3.2　激光加工微孔的工艺

本节主要研究激光加工微孔（简称激光打孔）的方式，同时介绍激光加工工艺参数对打孔质量的影响。

3.2.1　激光加工微孔的方式

一般的激光打孔的方式可以分为复制法和轮廓迂回法。复制法是指一定形状的激光束重复照射在材料上，且与材料不发生相对位移的加工方法，主要包括单脉冲

3.2.3　激光加工微孔的质量评定

激光加工微孔时，可以选择孔锥度和孔口圆度作为评定孔质量的参考标准，理论上孔锥度的计算公式如下：

$$\text{Taper} = (D - d) / L \tag{3.1}$$

通常情况下我们所需的微孔为圆柱孔，式中，Taper 为孔的锥度；D 为孔入口的直径；d 为孔出口的直径；L 为工件的厚度，所以其锥度越小则代表微孔的质量越好。

圆度的定义为最小直径与最大直径的比值，理想情况下的圆度为 100%或 1.0。孔的入口圆度和出口圆度表达式为

$$C_{\text{ent}} = \frac{(d_{\min})_{\text{entry}}}{(d_{\max})_{\text{entry}}}, \quad C_{\text{ext}} = \frac{(d_{\min})_{\text{exit}}}{(d_{\max})_{\text{exit}}} \tag{3.2}$$

在测量孔口直径时每次测量 6 次。式中，$d_{\min}$ 和 $d_{\max}$ 分别为其中的最小值和最大值；d_{entry} 为孔入口直径；d_{exit} 为孔出口直径。

激光加工微孔除了需要关注其形状和尺寸，孔壁的质量也是非常重要的。在激光加工的过程中难免存在重铸层和微裂纹，部分熔融液体在金属蒸气的反冲压力作用下发生喷溅排出，并沉积在孔口周围，形成挂渣[28]、碎片[29]、毛刺[30]、堆积等瑕疵，这严重影响小孔质量及工件表面光洁度[31]；未被完全排出的熔融液体会在孔壁凝固结晶，形成重铸层。这不仅使材料冶金状态发生改变，而且会产生微裂纹[32]。熔融喷溅在孔口和样品表面所形成的挂渣、毛刺等瑕疵易划伤其他部件，脱落时容易掉落在孔中堵塞小孔，严重影响工件使用寿命及力学性能；重铸层材料的冶金状态、力学性能和工件基体材料差别较大，且重铸层越厚，诱发的微裂纹强度越大；微裂纹在工件使用过程中会向工件基体蔓延，这不但降低了工件的疲劳寿命，而且严重情况下会导致工件产生疲劳断裂，从而造成严重后果[31]。

因此，必须设法控制熔融喷溅、减小重铸层和杜绝微裂纹，从而提升小孔加工质量。众所周知，当前制约我国航空航天工业继续向前发展的瓶颈是高性能航空发动机的研制[31]，而能否在航空发动机涡轮叶片上加工出高质量的气膜孔（叶片容易在高温下发生蠕变，需要降温）是高性能航空发动机能否面世的关键。除此之外，孔壁的粗糙度是另一个极为重要的评定参数，孔壁粗糙度低将使发动机涡轮叶片气膜孔的空气流动性更佳，从而提高冷却性能，同样适用于喷油器微细喷油孔等其他激光加工微孔的应用中。

3.3　激光加工微孔的应用研究

激光微纳制造技术作为目前工业制造行业的前沿技术，为我国航空航天、能源、国防、汽车、生物、医疗等领域提供了重要的制造技术支撑。本节主要以航空发动机涡轮叶片气膜孔、汽车发动机喷油器微细喷油孔、高端医用缝合针微孔、打印机微细喷墨孔和印刷线路板为例，介绍激光加工微孔的应用研究。

3.3.1　激光加工航空发动机涡轮叶片气膜孔的研究

在航空航天领域，燃气涡轮是发动机的重要部件，其性能决定了航空发动机的性能[2]。然而涡轮叶片工作温度一般为 1400℃以上，由于涡轮叶片材料耐高温性能有限，需要对涡轮高温部件（尤其是涡轮叶片）采用冷却技术。目前常用的办法是在边界层冷却，即在发动机部件表面加工一系列孔，如图 3.13 所示，高压气体流过叶片迷宫式复杂型腔，从叶片身上不同位向分布的小孔中喷射出来并沿叶身表面形成冷却的气膜，由此实现叶片的冷却效果，起到保护发动机部件的作用[33,34]。

图 3.13　航空发动机涡轮叶片气膜孔

图 3.14　SGT5.8000H 燃气轮机叶片

为了获得良好的冷却效率，在涡轮叶片表面上加工了许多具有不同角度和排列方式的孔。一般这种冷却孔在一个叶片上都有数百个之多，其直径为 0.2～0.8mm，属于小孔的范畴，并且具有复杂的空间角度，其加工质量和精度是影响涡轮叶片和航空发动机性能的关键因素[35]。图 3.14 为 SGT5.8000H 燃气轮机叶片，其空间分布复杂，且定位精度要求高，角度为 15°～90°[2,36]，为提高冷却效率，微孔的形状往往是扇形或矩形[37]，这些要求大大增加了制造的难度。

目前在航空航天中加工叶片气膜孔的方法众多，如机械钻孔（MD）、电火花打孔（EDD）、激光打孔（LD）和电化学打孔（ECD），以上四种工艺均有其局限和优势[1]。机械钻孔是最常见的钻孔方式，使用钻头在高强度和高硬度材料上加工微孔。由于机械钻孔依靠刀具进行切削，钻头易断，磨损严重，孔中心线易偏斜，孔口的毛刺现象明显，只能加工较浅的微孔结构。机械加工气膜孔的成本很高且效率很低，一般只能加工尺寸大于 30μm 的微孔结构，且深径比一般小于 5。电火花打孔是另一种常见的加工气膜孔的方法，可以在斜面上加工盲孔、深孔、斜孔以及异型孔等；打孔时切削力很小，对工具的强度和刚度要求低[38]。但该方法只能加工导电材料，加工材料受到很大限制。电化学打孔也称电解打孔，其机理是通过电极辅助在液体电解质中产生化学变化从而进行微孔加工。与电火花打孔相同，电化学打孔只能加工导电材料，且加工过程中会对电极造成损耗。另外，在加工大深径比微孔时，排屑需要通过电极和工件之间的狭窄间隙进行，碎屑不易排出，效率较低。

当激光打孔时，在高能量密度的光斑照射区域，材料会被加热、熔化、汽化从而去除，其特点如下：①激光打孔几乎不受材料的限制，能在大多数材料上进行微孔加工，而且加工速度快，孔表面的热影响区较小；②激光打孔的加工效率较高，每秒可打数百个孔，容易对微孔进行批量化自动加工；③激光光斑尺寸小，因此可加工直径很小的微细孔，而且微孔的深径比可达到 50 以上；④激光加工无须接触工件，因此对薄壁、弹性件等低刚度零件的加工效果不错，而且可在工件空间狭小的位置上加工小孔；⑤激光打孔加工过程中不存在明显的损耗，污染低、加工噪声小，对环境友好，是当前最有效的加工技术之一。目前，在涡轮叶片气膜孔加工方面，超短脉冲激光加工尤其是飞秒激光加工成为国内外的研究热点。

3.3.2　激光加工汽车发动机喷油器微细喷油孔的研究

在工业应用中，发动机是汽车制造技术的关键，作为动力源的供油系统最关键的部位是喷嘴，其微细喷油孔的加工质量直接影响发动机的燃油效率。在发动机喷油的过程中，燃油通过喷油器上的喷油孔以高速射流的形式进入燃烧室内部。在喷油孔的入口，燃油以连续形式存在，转变为分散的雾化液滴，这种燃油状态的显著变化都是在喷油孔内完成的，由此可见喷油孔对燃油射流雾化效果的重要性[33]。发动机的性能及其排放污染物都与燃油的雾化性能及流量系数等特性有关。减少单个喷油孔的直径、适当增加喷油孔数量和提高喷射压力，可使燃油雾化效果大大改善，燃油效率得以提高。就发动机的喷油孔而言，长期以来由于加工工艺的限制，实际形成和使用的喷油孔形状绝大部分都是圆直孔，目前人们所用的喷油孔直径越来越小，无论机械钻孔还是电火花打孔，都不太可能对直径仅为 100～300μm 的微细喷油孔内部形状进行更大的改变，这在很大程度上限制了提升开孔射流雾化性能的途径。

图 3.15　喷嘴局部放大图[2]

图 3.15 为燃料喷射喷嘴的局部放大图，其微细喷油孔由纳秒激光器加工得到。随着激光器成本的下降，当前皮秒激光器已经逐渐代替纳秒激光器在工业中使用。

对于多喷油孔的喷嘴，机械钻孔加工质量较好，但钻头易断，孔易引偏，孔内毛刺需后序工序去除，电火花打孔最大的缺点是生产效率低，加工质量较差。除了机械钻孔和电火花打孔，激光打孔作为一种高效的微孔加工手段已经被逐步应用到发动机喷油孔的加工领域。而激光束最大的特点就是能量分布具有高度的可调节性，这就使通过改变激光时空分布来控制喷油孔几何特征变化，从而改变射流雾化效果成为可能。激光打孔效率很高，加工质量优于一般电火花打孔而接近于机械钻孔。

在实际工业生产中，激光打孔成本低且效率高，具有广阔的应用前景[39,40]。例如，年产 20 万件的真阀体喷油孔采用激光打孔代替电火花打孔，生产效率可提高 14 倍以上。

3.3.3　激光加工高端医用缝合针微孔的研究

医用缝合针主要用于皮肤、皮下、筋膜、肌肉等组织的外科手术缝合。医疗水平的不断提高对医疗器械也提出了更高的要求。在此大背景下医用缝合针也经历了传统眼针—开槽针—带线缝合针三代发展，目前应用最为广泛的带线缝合针以缝合线插入针尾同轴孔并卡死的形式制成，可以显著降低缝合过程的组织拖曳力，减小缝合创口[41]。其中，缝合针的针径为 0.5～1.3mm，尾孔的直径为 0.25～0.65mm，制作带线缝合针的关键工序是制作尾孔。医用缝合针微孔的加工方法有很多种，如钻削加工、振动钻削加工、电火花加工、电子束加工、激光加工等[42]。在这些加工方法中，激光加工缝合针微孔不仅适用于各种材料，而且加工精度高、效率高，因此被广泛应用，电子束加工、电火花加工出的带线缝合针尾部微孔由于缝合针金相组织的变化，在以后的缩孔过程中孔会产生脆裂，不能满足后续的加工要求。传统的钻削加工由于钻头易折断、刚度低等远不能适用国内外市场的需求。

目前应用广泛的带线缝合针的原材料主要有碳钢和不锈钢两种，针型有圆针、角针、铲针、弯针、直针等，弧度有 1/4 弧、3/8 弧、1/2 弧、5/8 弧、3/4 弧等[43]。图 3.16 为直针和弯针。利用激光微纳制造技术（包括针尖激光局部热处理技术和缝合针尾端高质量微孔激光微纳加工技术）可以提升医用缝合针的制造技术水平，实现高端医用缝合针的制造。采用激光局部热处理和激光改性技术对医用缝合针针尖进行材料处理与改性，彻底改变原来的热处理方法，制造出的缝合针针尖锋利且不易折断[44]。医用缝合针针尾孔径微小，传统的钻孔方法无能为力，电火花加工效率低，长脉冲激光加工存在重铸层、热影响区大、微孔带有锥度等问题。采用超短脉冲激光加工可以解决上述问题。

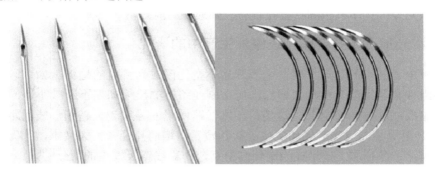

图 3.16　直针与弯针

3.3.4　激光加工打印机微细喷墨孔的研究

喷墨打印指的是按照一定要求将墨水微滴喷射到承印介质上，从而完成图像输出的打印技术。喷墨打印是当今数码打印的主流技术之一，被广泛应用。喷墨打印于 2004 年开始在欧洲推广和使用，喷墨打印机在打印图像时，需要进行一系列的繁杂程序。当打印机喷头快速扫过打印纸时，它上面的无数喷嘴就会喷出无数的小墨滴，从而组成图像中的像素。喷墨打印机的核心和最具技术含量的组件是喷头，占机器 70% 以上的成本，而决定喷头性能的组件是喷嘴[45]。

喷头分为四个部分，即墨腔、过滤网、喷墨板和喷嘴。控制面板控制压电单元，其工作原理是：从墨盒中吸墨到墨腔，然后通过主板控制电源来控制压电单元，使墨腔收缩，从而使墨从喷嘴中喷射出来，如图 3.17 所示。

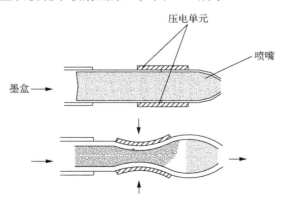

图 3.17　喷头工作原理图

　　喷墨打印机的喷墨孔直径一般在几十微米，如某工业喷头的孔径约 20μm。激光能量在时间和空间上高度集中，几乎可以加工任何材料。激光打孔速度快、效率高，可获得深径比较大的孔，且属于非接触式加工，适合于高密度的阵列孔[46-48]。由此看来，激光加工打印机微细喷墨孔具有广阔的应用前景。

3.3.5　激光加工微孔在印刷线路板生产中的研究

　　随着电子技术的飞速发展，电子产品小型化已成为目前的趋势。如今印刷线路板上的组件数量正以几何指数增加，而印刷线路板的尺寸却在不断减小，同时要求印刷线路板性能更加稳定[49]。这使得印刷线路图形的导线越来越细，线间距已小到 150μm 甚至更小，用作连接和定位的微孔数量激增而孔径却大大减小，孔间距越来越窄。因此，微孔加工技术成为制约高密互连印刷线路板发展的瓶颈[50]。

　　自 20 世纪 50 年代发明了印刷线路板以来，印刷线路板上微孔的加工一直采用机械钻孔的方法。但当孔径小于 150μm 时，由于机械钻头易损，加工成本大为增加。光致成孔技术是使用特殊配制的光敏电介质材料，事先进行加工技术、刻蚀喷镀，再利用激光曝光技术加工成孔。这是一种批量加工技术，生产效率高，但光敏介质材料对加工工艺过程要求严格，在配制化学试剂和曝光时不允许有偏差[51]。

　　激光加工微孔技术正日趋成熟，孔径在 25μm 以下，孔的深径比最大可达 20∶1。目前，在印刷线路板行业微孔加工中占主流的激光器是准分子激光器、CO_2 激光器及红外 Nd:YAG 固体激光器，就准分子激光器而言，孔干净、边缘光滑、分辨率高，加工的盲孔底层金属表面不需后续清洁，几乎 100% 的有机物都能被去除。激光加工微孔被认为是最有希望的微孔加工技术，目前美国、日本、德国等电子技术较发达国家利用激光加工微孔已成为主流。

参 考 文 献

[1] 夏博. 飞秒激光高质量高深径比微孔加工机理及其在线观测[D]. 北京: 北京理工大学, 2016.

[2] 夏博, 姜澜, 王素梅, 等. 飞秒激光微孔加工[J]. 中国激光, 2013, 40（2）: 1-12.

[3] 辛凤兰. 高质量激光打孔技术的研究[D]. 北京: 北京工业大学, 2006.

[4] 张丽. 高温合金脉冲激光环切打孔及打孔成形质量研究[D]. 镇江: 江苏大学, 2017.

[5] GENNA S, TAGLIAFERRI F, LEONE C, et al. Experimental study on fiber laser microcutting of nimonic 263 superalloy[J]. Procedia CIRP, 62: 281-286.

[6] 晏绪光, 高文斌. 激光脉冲和工件参数对激光微孔加工质量的影响[J]. 应用激光, 1994, 14（3）: 127-130.

[7] 樊永发. 激光微加工过程中等离子体的研究[D]. 贵阳: 贵州大学, 2006.

[8] GONG C, TOCHITSKY S, FIUZA F, et al. Plasma dynamics near critical density inferred from direct measurements of laser hole boring[J]. Physical Review E, 2016, 93（6）: 061202.

[9] ZHAI Z Y, WANG W J, MEI X S, et al. Influence of plasma shock wave on the morphology of laser drilling in different environments[J]. Optics Communications, 2017, 390: 49-56.

[10] IWATA N, KOJIMA S, SENTOKU, et al. Plasma density limits for hole boring by intense laser pulses[J]. Nature Communications, 2018, 9（1）: 1-7.

[11] 谭淞年. SiCp/Al 复合材料的水导激光加工技术研究[D]. 哈尔滨: 哈尔滨工业大学, 2014.

[12] 杨立军, 孔宪俊, 王扬, 等. 激光微孔加工技术及应用[J]. 航空制造技术, 2016（19）: 32-38.

[13] 李灵, 杨立军, 王扬, 等. 水导激光微细加工中激光与水束光纤耦合技术[J]. 光学精密工程, 2008, 16（9）: 1614-1621.

[14] 叶瑞芳, 沈阳, 王磊, 等. 新型水导引激光耦合系统研究[J]. 厦门大学学报（自然科学版）, 2009, 48（3）: 369-372.

[15] KRAY D, HOPMAN S, SPIEGELA, et al. Study on the edge isolation of industrial silicon solar cells with waterjet-guided laser[J]. Solar Energy Materials and Solar Cells, 2007, 91（17）: 1638-1644.

[16] RICHERZHAGEN B, DELACRÉTAZ G, SALATHÉ R P. Complete model to simulate the thermal defocusing of a laser beam focused in water[J]. Optical Engineering, 1996, 35（7）: 2058-2066.

[17] ZHANG Q, SUN S F, ZHANG F Y, et al. A study on film hole drilling of IN718 superalloy via laser machining combined with high temperature chemical etching[J]. The International Journal of Advanced Manufacturing Technology, 2020, 106: 155-162.

[18] 姜靖. 皮秒激光对金属材料微孔加工技术研究[D]. 北京: 北京工业大学, 2014.

[19] LI X J, DONG Y W, YIN C P, et al. Geometric parameters evolution experiment of hole during femtosecond laser helical drilling[J]. Chinese Journal of Lasers, 2018, 45（5）: 0502008.

[20] 李效基, 董一巍, 殷春平, 等. 飞秒激光螺旋加工小孔几何参数演化实验研究[J]. 中国激光, 2018, 45（5）: 96-105.

[21] 王砚丽. 激光旋转打孔技术的研究[D]. 武汉: 华中科技大学, 2012.

[22] ZHANG Y J, SONG H Y, LIU H Y, et al. Fabrication of millimeter scaled holes by femtosecond laser filamentation[J]. Chinese Journal of Lasers, 2017, 44（4）: 0402012.

[23] 张艳杰, 宋海英, 刘海云, 等. 飞秒激光成丝制备毫米级深孔[J]. 中国激光, 2017, 44（4）: 119-128.

[24] 潘涌, 姜兆华, 张伟, 等. 旋转双光楔激光微孔加工装置: CN101670486A[P]. 2010-03-17.

[25] 陈强. 基于纳秒脉冲激光的微孔加工技术研究[D]. 广州: 广东工业大学, 2018.

[26] 杨继宏. 激光打微孔作用机理及工艺研究[D]. 天津: 天津大学, 2008.

[27] 张洪志, 李学贵. 影响激光微孔加工精度的几个主要因素[J]. 光电子激光, 1983（5）: 29-30.

[28] YILBAS B S, ABDUL ALEEM B J. Dross formation during laser cutting process[J]. Journal of Physics D, 2006, 39（7）: 1451-1461.

[29] WANG Z, ZHENG H, SEOW W L, et al. Investigation on material removal efficiency in debris free laser ablation of brittle substrates[J]. Journal of Materials Processing Technology, 2015, 219: 133-142.

[30] OKASHA M M, DRIVER N, MATIVENGA P, et al. Mechanical microdrilling of negative tapered laser predrilled holes: A new approach for burr minimization[J]. The International Journal of Advanced Manufacturing Technology, 2012, 61（1-4）: 213-225.

[31] 张廷忠. 毫秒激光打孔过程熔融喷溅、重铸层和微裂纹形成机理研究[D]. 南京: 南京理工大学, 2017.

[32] WEI Y, DONG Z, LIU R, et al. Simulating and predicting weld solidification cracks[J]. Hot Cracking Phenomena in Welds, 2005, 6（3）: 185-222.

[33] 虞钢, 何秀丽, 李少霞. 激光先进制造技术及应用[M]. 北京: 国防工业出版社, 2016.

[34] DISIMILE P J, FOX C W, LEE C P. An experimental investigation of the airflow characteristics of laser drilled holes[J]. Journal of Laser Applications, 1998, 10（2）: 78-84.

[35] 郭文渊, 王茂才, 张晓兵. 镍基超合金激光打孔再铸层及其控制研究进展[J]. 激光杂志, 2003（4）: 1-3.

[36] BUNKER R S. A review of shaped hole turbine film—Cooling technology[J]. Journal of Heat Transfer, 2005, 127（4）: 441-453.

[37] BAHERI S, ALAVI TABRIZI S P, JUBRAN B A. Film cooling effectiveness from trenched shaped and compound holes[J]. Heat and Mass Transfer, 2008, 44（8）: 989-998.

[38] RASHED C, ROMOLI L, TANTUSSI F, et al. Experimental optimization of micro-electrical discharge drilling process from the perspective of inner surface enhancement measured by shear-force microscopy[J]. CIRP Journal of Manufacturing Science & Technology, 2014, 7（1）: 11-19.

[39] FORSMAN A C, LUNDGREN E H, DODELL A L, et al. Double-pulse format for improved laser drilling—Second pulse enhances both drilling speed and hole quality[J]. Photonics Spectra, 2007, 41（9）: 72.

[40] 孙昆, 富崇大, 甘玉芝, 等. 喷油嘴喷孔的激光打孔[J]. 光电子激光, 1991, 2（1）: 33-37.

[41] 孙铁波, 李宏. 基于亚像素定位的带线缝合针尾孔精确打孔技术[J]. 机械设计与研究, 2013, 29（5）: 59-62, 66.

[42] 李宏, 郑东旭, 孙铁波, 等. 振动钻削在医用缝合针带线孔加工上的应用研究[J]. 机床与液压, 2012, 40（4）: 22-23, 15.

[43] 刘奎武, 孙铁波, 边巍. 全自动医用带线缝合针打孔机的设计与研究[J]. 机电工程技术, 2014, 43（12）: 197-201.

[44] 张仲义, 聂德品. 带线缝合针智能综合测试仪的研制[J]. 皖西学院学报, 2010, 26（2）: 83-84.

[45] 谭灵, 郑乃章. 陶瓷喷墨打印技术的现状与展望[J]. 中国陶瓷工业, 2012, 19（4）: 20-23.

[46] 王克锡. 电火花微孔加工技术的新发展（上）[J]. 金属加工（冷加工）, 2009（22）: 29-31.

[47] 郭栋, 李龙土, 蔡锴, 等. 氧化铝陶瓷基板过孔的新型激光打孔工艺[J]. 电子元件与材料, 2003, 22（3）: 46-48.

[48] 褚祥诚, 仲作金, 张红军, 等. 喷墨打印头陶瓷喷孔的皮秒激光加工研究[J]. 佛山陶瓷, 2014, 24（12）: 24-26, 48.

[49] 张翠红, 杨永强. 激光微孔加工技术在印刷线路板生产中的应用[J]. 激光与光电子学进展, 2005, 42（3）: 48-52, 14.

[50] 黄黎红. 激光微细加工在电子工业中的应用[J]. 莆田高等专科学校学报, 2001（4）: 38-41.

[51] 陈志凌, 史铁林, 刘胜, 等. 准分子激光微制造技术及其应用[J]. 激光与光电子学进展, 2004, 42（2）: 47-53.

反射和折射，实现光源从工作面的均匀出射。

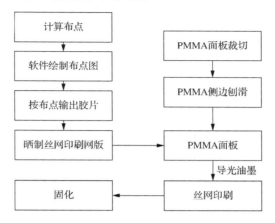

图 4.4　丝网印刷 PMMA 导光板散射网点工艺流程图[20]

丝网印刷导光板散射网点的主要设备有半自动网印机、3/4 自动网印机和全自动网印机[21]。目前市场上主要采用半自动网印机进行导光板散射网点印刷作业，对工人的操作水平要求较高。由于工人用力不均和印刷速度难于控制等原因，在印刷过程中容易产生连点、漏印等问题，印刷的导光板光学性能不够稳定，产品的合格率也较低。这种技术尚可用于小尺寸导光板的生产，对于大尺寸导光板印刷困难重重。此外导光板散射网点印刷过程中，因为平台容易被油墨腐蚀和产生变形，会对印刷质量产生不良影响，所以对平台质量要求较高。虽然有些企业已开始将全自动网印机用于导光板散射网点的印刷，但丝网印刷导光板散射网点技术具有每一种版式都需要单独制版、产品不能随意切割使用等固有的缺点，严重限制着加工效率和加工灵活性，随着其他加工技术的发展将逐步被淘汰。

2. 模具成型导光板散射网点技术

模具成型是一种重要的导光板散射网点技术，目前主要包括注塑模具成型、热压模具成型等几种成型方法。其中，注塑模具成型常用来加工小尺寸导光板。它是将 PMMA 等塑料粒子从加料斗加入注塑机，通过螺杆的旋转和加热器的作用，从固体变成黏流态流体，然后通过挤压将 PMMA 粒子注入模具型腔内，模具型腔内装有压模，它具有与导光板光学网点互补的结构[22]。在一定的压力作用下，对粒子进行保压补缩和模具水路冷却，当冷却到一定温度定型后，将成型的导光板从模具型腔内取出。但注塑模具成型导光板散射网点技术存在模具加工困难、对加工设备要求较高、需严格控制加工工艺、加工过程容易存在焦黄/黑点等缺陷的问题。热压模具成型是先将导光板基片放到下模板上，再将模具加热到有机物的成型温度范围内[23]，经过合模压印、保压和冷却后，最终进行开模和脱模来成型导光板。这种工艺在一定程度上避免了注塑模具难加工的问题，提高了导光板的成型质量[23]。但热压模具成型导光板散射网点技术容易产生气泡、填充不完全等缺陷，严重影响着导光板的光学性能。

4.1.3　激光加工导光板微细散射网点技术

导光板散射网点传统加工技术由于存在各种弊端，已不能很好地满足生产的需求。与传统的丝网印刷和模具成型技术相比，激光加工导光板微细散射网点技术有着更独特的优势：加工过程导光板无接触，导光板不产生变形，激光束的能量和移动速度等可由计算机控制，满足不同的加工目的；激光束能量密度和稳定性高，加工速度快，加工过程中热影响区很小，加工的微细散射网点精度高、质量好；激光束可以进行分束，同时加工出多行微细散射网点，大幅度提高网点加工效率；激光束方向易于控制和变换，可以聚焦到导光板内部进行复杂微细散射网点的加工；激光束的直径可以聚焦到微米量级，可以实现几十微米甚至更小尺寸微细散射网点的加工；导光板亮度更高、光线更柔和、光显更均匀，可以整版制作，也可随意切割使用，灵活度更高。

由于激光加工导光板微细散射网点技术的优势明显，目前被广泛研究和采用。激光加工导光板微细散射网点技术已经实现了产业化和推广应用，产生了巨大的经济和社会效益。目前企业大都应用 CO_2 激光点阵装备加工导光板微细散射网点，加工效率还存在较大的提升空间。因此激光加工导光板微细散射网点技术发展潜力巨大，在今后一个时期，它将一直是导光板微细散射网点加工的主流技术。

4.2　激光加工导光板微细散射网点工艺与装备

4.2.1　导光板微细散射网点形成过程

当激光加工 PMMA 等透明材料时，激光束照射到导光板表面，引起温度急剧上升，升温率很高，热流密度可以达到 MW/m^2 量级，温度变化率均在 $10^7K/s$ 以上。导光板微细散射网点加工大致过程如图 4.5 所示，被照射区域瞬间达到沸点而熔化，熔化物不断飞溅出凹坑，直至整个网点加工结束。

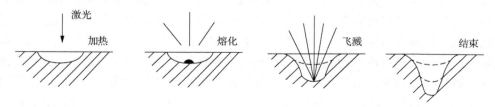

图 4.5　导光板微细散射网点加工过程

在激光与材料作用过程中，一部分熔化物飞溅出凹坑并堆积到凹坑周围，形成形状不规则的环状熔融物（俗称"火山口"）。通常，熔铸而成的火山口上分布有大小不规则的气泡，而且气泡的数量和大小随着激光能量的增加而增加。在激光打点过程中，激光的高温使得导光板材料熔化汽化形成蒸气向外飞溅，激光作用后的材料冷却速度非常快，材料蒸气来不及逸出而被残留在环状熔融物中形成气泡，且激光能量越大，熔化汽化形成的蒸气越多，形成的气泡也就越大。实际加工网点形貌如图 4.6 所示。

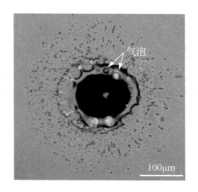

图 4.6 加工网点形貌图

4.2.2 激光加工导光板微细散射网点方法

在实际工业生产中，一般采用 CO_2 激光对导光板微细散射网点进行加工。CO_2 激光作为一种新型红外辐射源，具有辐射强度高、单色性和相干性好、方向性强等突出优点。它可发出波长为 $10.6\mu m$ 的红外激光束[24,25]，按照连续或脉冲等方式进行工作。安置在计算机中的激光打点专用软件一般与激光运动控制系统相关联，能够严格控制激光器中出射光束诸多性能参数，如激光能量、具体位置、网点形状、网点间距/大小、疏密性和网点运动幅面等。激光光点的运动轨迹以气化的方式在导光板的底面逐一刻画出具有一定尺寸的微结构阵列，因此这种加工方法通常也称为"热加工"。同其他导光板网点加工方法相比，该方法加工过程简单，对环境不造成污染；导光板工作寿命长，不易黄化，出光稳定性好，光线均匀照度高。目前，利用该方法加工的导光板产品已经被大量用于照明、广告、节能灯领域。

4.2.3 激光加工导光板微细散射网点装备

目前，很多企业引进亚克力点阵激光加工机（PMMA lattice laser micromachining system）进行导光板微细散射网点的加工。设备整体外观大致如图 4.7 所示。该设备一般由光学系统、加工系统、吸附系统、除尘系统四大系统组成，适用于 84in（1in = 2.54cm）及以下尺寸导光板微细散射网点的加工。

1. 光学系统和加工系统

光学系统原理图如图 4.8 所示，它一般由 CO_2 红外激光器、扩束镜、反射镜和聚焦镜等组成。设备搭载 CO_2 红外激光器，它由激光控制器、激光头及水冷机组成。整个激光头被架设在导轨上高速往复移动；水冷机主要为激光控制器和激光头提供恒温循环冷却水，以保证激光元器件正常工作。激光从 CO_2 红外激光器发出后，经过扩束镜将激光束进行扩束，同时减小激光发射角，然后经过多个反射镜改变激光的传播方向，到达分束镜。分束镜的主要作用是将激光分束，从单束光分为多束光。最后通过聚焦镜将分束的激光聚焦成微米级光斑，以形成高能量密度的激光束，用于导光板微细散射网点的精密加工。加工系统原理图如图 4.9 所示，反射镜和聚焦镜整体移动，控制激光在导光板不同位置出光，最终在导光板上形成一排排微细散射网点。

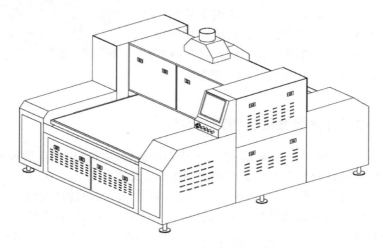

图 4.7　亚克力点阵激光加工机

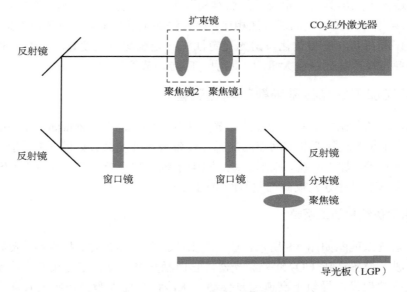

图 4.8　光学系统原理图

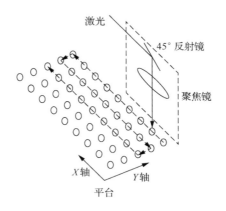

图 4.9　加工系统原理图

2. 吸附系统

吸附系统一般由吸附平台和真空泵等组成。加工幅面可以做得稍大，以满足不同尺寸导光板的加工要求。定位精度和重复精度较高，一般为±0.01mm。吸附平台外观图如图 4.10 所示，它一般用铝材制成，平台的边上设有直角靠边，有利于导光板进行精确定位；平台表面设有多个吸附孔，真空泵开启产生一定的吸附力，导光板牢牢地吸附于平台上，加工过程中导光板不发生移动，保证了微细散射网点的加工质量。

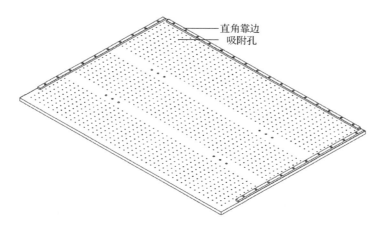

图 4.10　吸附平台外观图

3. 除尘系统

除尘系统一般由集尘槽、挡尘板、离子风棒等组成，其位置和结构如图 4.11 所示。除尘系统架设在导光板工作台的上部，为了更好地收集粉尘，集尘槽开口紧靠激光加工区域，呈倾斜状。除尘系统开启后，收集的粉尘从集尘槽到达其末端的集尘管，沿集尘管路排出。为使集尘槽内吸气均匀，集尘管设计成由支管汇成一个管路的形式，如图 4.12 所示。为了防止粉尘向上移动，在集尘槽口上方设置挡尘板。在微细散射网点加工过程中，一般要开启离子风棒。离子风棒会产生大量带正负电荷气团，中和掉经过离子辐射区内的导光板上所带电荷[26]，消除导光板上的静电，达到清除导光板表面异物和尘埃的目的。

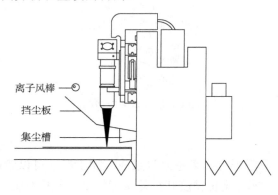

图 4.11　除尘系统图

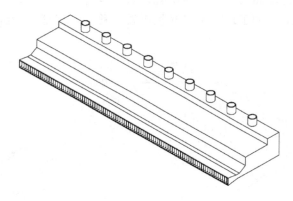

图 4.12　集尘管路

4.3　激光加工导光板微细散射网点工艺研究

4.3.1　激光加工 PMMA 导光板微细散射网点工艺研究

青岛理工大学王永武[26]利用亚克力点阵激光加工机，研究了激光扫描速度、离焦量和脉冲持续时间三个重要参数对 PMMA 导光板微细散射网点形貌的影响。

激光扫描速度对 PMMA 导光板微细散射网点形貌有重要影响。当脉冲持续时间为 500μs 时，得到了网点深度和网点最大直径随扫描速度的变化曲线，如图 4.13 所示。从曲线可以看出，扫描速度和散射网点最大直径基本成正相关，当扫描速度超过 2000mm/s 时，网点最大直径随扫描速度的增加快速增大，加工的散射网点形状被拉长，如图 4.14 所示[26]。而网点深度随扫描速度的增加基本保持不变。

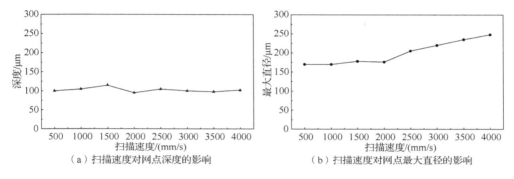

（a）扫描速度对网点深度的影响　　　　　　（b）扫描速度对网点最大直径的影响

图 4.13　扫描速度对网点形貌的影响

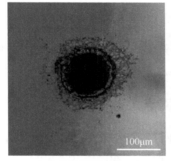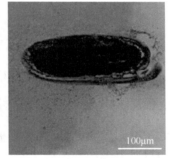

（a）扫描速度1000mm/s　　　　　　　（b）扫描速度4000mm/s

图 4.14　不同扫描速度散射网点外观图[26]

脉冲持续时间对 PMMA 导光板微细散射网点形貌有较大影响。当激光扫描速度为 2000mm/s 时，得到了网点深度和网点最大直径随脉冲持续时间的变化曲线，如图 4.15 所示。从曲线可以看出，脉冲持续时间与网点最大直径基本成正比，网点深度随着脉冲持续时间的增大缓慢增加。

离焦量对 PMMA 导光板微细散射网点形貌存在较大影响。当激光扫描速度为 2000mm/s 时，得到了网点深度和网点最大直径随离焦量变化曲线，如图 4.16 所示。通过曲线变化可知，网点最大直径和网点深度都随离焦量波动变化，并且正、负离焦量的变化趋势相似[26]。实验发现，离焦量不为 0 时，网点形貌较差，将对导光板光学性能产生负面影响。

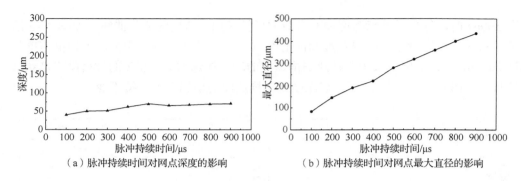

（a）脉冲持续时间对网点深度的影响　　　　（b）脉冲持续时间对网点最大直径的影响

图 4.15　脉冲持续时间对网点形貌的影响

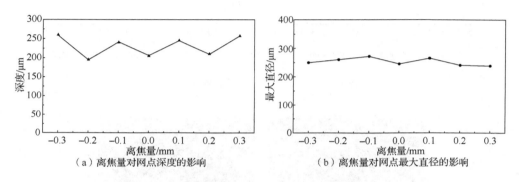

（a）离焦量对网点深度的影响　　　　　　（b）离焦量对网点最大直径的影响

图 4.16　离焦量对网点形貌的影响

4.3.2　激光加工玻璃导光板微细散射网点工艺研究

青岛理工大学 Wang 等[27]对玻璃导光板微细散射网点加工工艺进行了研究。高硼硅酸盐玻璃有着透明度超过 92%、抗拉强度为 40～120 N/mm^2、线膨胀系数为（3.3±0.1）×10^{-6}K^{-1} 等较好的物理性能[27]。Cao 等[28]通过研究焦点大小对辐照脉冲能量的依赖性，对玻璃导光板烧蚀阈值通量进行了评估。当脉冲持续时间短于 100 μs 时，并不能对玻璃造成损伤，无法在玻璃导光板上进行网点加工。通过式（4.9）对最大激光通量进行计算：

$$\phi_0 = \frac{E_{\mathrm{pulse}}}{\pi w_0^{\,2}} \tag{4.9}$$

式中，E_{pulse} 为高斯光束半径；w_0 为脉冲能量。计算可得，对于单个微细散射网点的加工，脉冲能量大约是 10.8mJ，相应的激光通量为 13.74J/cm^2。在相同条件下，用 CO_2 激光器分别在玻璃和 PMMA 材料上进行了微细散射网点加工，如图 4.17 所示。在 PMMA 材料上加工的导光板微细散射网点并不规则并且周围出现了明显的飞溅物堆积。而在玻璃上加工的导光板微细散射网点形貌更好，轮廓更受控制。

第5章 激光微纳连接技术

激光连接技术是一种利用激光的热效应使待连接工件瞬时熔化、连接并快速冷却的先进制造技术，分为激光微纳连接技术和常规激光连接技术两大类。相对于常规激光连接技术，激光微纳连接技术可连接的连接件或连接缝的尺寸更小，达到了微纳米级别，非常适合各类微型零件的精密连接，在微电子工业、医疗器件等多个领域得到了广泛应用。

5.1 概 述

5.1.1 激光微纳连接技术定义

激光连接技术不论在宏观尺度还是在微纳米尺度都是结构制造、功能器件制备和组装的重要制造技术之一。激光连接技术有多种分类方法，通常是以被连接材料（或称为基体、结构和器件等）的尺寸作为测量基准进行分类的，比如，具有某些特征尺寸部件的连接，板的厚度或者丝的直径在 500μm 以下称为激光微连接技术，尺寸在 1μm 以下称为激光亚微连接技术等。根据被连接材料的尺寸，激光连接技术的分类如表 5.1 所示，其中尺寸是指被连接材料在某一维度的尺寸[1,2]。

表 5.1 按照被连接材料尺寸分类的连接类型[1]

连接类型	宏连接	亚毫连接	微连接	亚微连接	纳连接
尺寸	≥1mm	0.5～1mm	1～500μm	0.1～1μm	1～100nm

在工业领域的实际应用中，通常把连接件的一个尺寸或连接缝的尺寸大于 0.5mm 的激光连接技术称为常规（宏观）激光连接技术，把连接件的一个尺寸或连接缝的尺寸小于 0.5mm 的激光连接技术称为激光微纳连接技术。激光微纳连接技术是利用激光的热效应将尺寸在微米级或纳米级的材料和另外一种材料连接的方法，主要包括激光微焊接、激光软钎焊、激光植球等。

5.1.2 激光微纳连接技术研究现状

1. 激光微焊接技术

激光微焊接技术的最早应用可追溯到 20 世纪 70 年代，Buzawa 和 Hopkins[3]在电子枪阴极射线管的制造中使用了激光微点焊工艺。激光微焊接技术能够在热敏材料附近进行熔焊连接，实现微小结构的无接触连接。激光微焊接技术已广泛应用于纳米材料、生物技术和集成电路等多个领域，应用前景十分广阔。

　　纳米线或纳米纤维是指直径在 100nm 以下的结构，纳米器件就是由纳米线或纳米纤维材料通过连接技术制备的。激光微纳连接技术是进行纳米器件制造的关键技术之一。为使纳米线连接在一起且保持结构不被破坏，科研工作者做了大量的实验研究。Kim 和 Jang[4]将激光微焊接技术应用于含碳涂层的铜和金纳米粒子连接中。如图 5.1 所示，利用波长为 532nm、单脉冲能量为 0.2mJ 的脉冲激光在碳覆膜铜纳米粒子上照射 10min，金纳米粒子与碳覆膜铜在激光微焊接作用下形成了接触良好的单一相。She 等[5]使用波长为 1064nm、脉宽为 1ms 的 Nd:YAG 激光器将单个的 $W_{18}O_{49}$ 纳米线连接在一起，并对焊接接头进行弯曲试验。图 5.2 为激光将 $W_{18}O_{49}$ 纳米针尖焊接与 W 微针尖接触进行电阻测试的图像，激光微焊接技术焊接的接头具有良好的力学性能和电学性能。

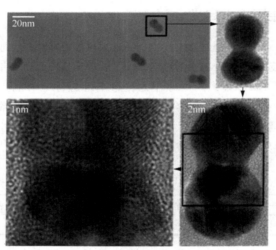

图 5.1　金纳米粒子间的激光微焊接

　　NiTi 形状记忆合金（shape memory alloy，SMA）是一种集形状记忆效应、超弹性和生物相容性为一体的新型材料，是制造医疗用血管支架的理想材料。Hsu 等[6]将激光微焊接技术应用于 $Ti_{50}Ni_{50}$ 合金，并研究焊缝的耐腐蚀性能。结果显示，激光微焊接形成的焊缝在 1.5mol/L H_2SO_4 和 1.5mol/L HNO_3 溶液中的耐腐蚀效果良好，腐蚀速率为 8.6μm/年。太原理工大学姚润华[7]将激光微焊接技术应用于医用 NiTi 合金的连接制造中，并对十字接头的组织与性能进行分析和实验。结果表明，用激光微焊接技术形成的 NiTi SMA 焊接接头各区域的自弹性恢复率最低仅为 32.04%；同时，还进行了 NiTi SMA 焊接接头在生理盐水和体液中的腐蚀与相容性试验，结果如图 5.3

所示。在体液中激光微焊接的相容性接头组织与动态凝血时间大致相同，可以有效地降低血小板的黏附，抑制血小板的活化。

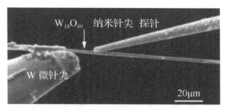

（a）W 微针尖与 $W_{18}O_{49}$ 纳米针尖的接触电阻测试

（b）$W_{18}O_{49}$ 纳米针尖截面电阻的双端结构

图 5.2　纳米针尖-微针尖端的 SEM 图像

（a）模拟生理盐水中接头的腐蚀形貌

（b）模拟体液中接头的腐蚀形貌

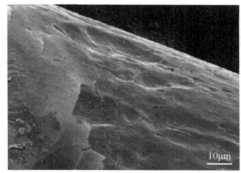

（c）模拟体液中接头的腐蚀形貌放大图1

（d）模拟体液中接头的腐蚀形貌放大图2

图 5.3　NiTi SMA 焊接接头在生理盐水和体液中经循环化试验后的腐蚀形貌

脆性材料由于具有低塑性、易破损等特点而不易使用传统工艺进行连接。Hélie
等[8]将激光微焊接技术应用于连接光学玻璃 BK7 和石英玻璃，经测试发现焊接强度
可达 15MPa，焊缝承受 300℃以上高温后依然保持连接性。清华大学潘泽浩等[9]研究
了飞秒激光连接石英玻璃的接头性能，经抗拉剪试验测得接头强度为 6.4～40.4MPa，
证明了飞秒激光连接玻璃的可行性。

2. 激光软钎焊技术

激光软钎焊技术为微电子工业元器件的高质量、微型化加工提供了一条崭新的
道路。早在 1974 年，Bohman 就使用 CO_2 激光器实现了元器件组装软钎焊，首次将
激光软钎焊技术应用到微电子组装的互联中，为实现电子元器件的微纳连接创造了
可能[10]。Jones 和 Albright[11]在集成电路的微型连接中使用了一种非接触、无钎剂的
激光钎焊工艺，该工艺可以使导线和铜电路板之间形成坚固、可靠的连接。哈尔滨
工业大学王青春团队也进行了激光软钎焊研究，从激光微纳连接领域探究软钎焊热
传递和材料熔融的过程[12,13]。

美国伦斯勒理工学院 Yang 等[14]采用激光软钎焊和红外回流焊的方法分别制备印
刷线路板表面贴装元件，分析 Sn-Ag 接头在焊接过程中微观组织的演变。实验发现，
由红外回流焊快速冷却产生的晶粒没有足够的时间生长，而激光软钎焊生成的 Ag_3Sn
金属间化合物的颗粒比红外回流焊的颗粒更细腻，并由此推断，激光软钎焊技术未
来将可能成为微电子封装和互联技术的标准制造工艺。

半导体激光软钎焊是使用半导体激光作为热源的一种群焊方法，常应用于印刷
线路板元器件的组装工艺中。采用半导体激光软钎焊技术对高密度引线器件进行组
装对器件不会产生太大的热影响，还可有效提高元器件的力学性能。南京航空航天
大学姚立华[15]依靠自主研制的 90W 的半导体激光焊接系统，利用 Sn-Pb 和 Sn-Ag-Cu
焊料在铜基体上进行钎焊润湿试验，试验形成的 96Sn-3.5Ag-0.5Cu 焊点的显微组织
均匀，钎料的润湿性铺展面积大，润湿效果好。

近年来，激光软钎焊技术在微纳连接中的应用研究日趋深入，研究者在充分考
虑激光功率、加工时间等因素之间关联性的基础上，开发出了更加完善的生产工艺，
不仅大幅度提高了微纳连接的生产效率，还使激光软钎焊技术得到的焊点组织更加
细密均匀、性能更加优异。

3. 激光植球技术

微电子封装技术对电子封装的要求日益增高，不仅影响集成电路的力学性能、
光电性能，而且在一定程度上决定了微电子系统的多功能小型化。激光本身具有的
方向精确、能量集中等特性使激光在电子封装领域受到青睐。

1995 年松下（Panasonic）公司的 Laferriere 和 Fukumoto[16]提出了激光的 QFP（Quad

Flat Pack）软钎焊系统，为激光植球技术提供了参考和借鉴。随着工业自动化、自动检测和图像处理等技术的发展，激光植球设备规模化成为可能，各国相继研制出激光植球设备，其中具有代表性的是德国 Pac Tech 公司的激光植球设备 SB^2-Jet，该设备的植球速率能够达到 10 个/s，植球直径为 80～760μm，同时具备质量检测功能。

　　目前国内完整的激光植球工艺系统还处于实验研究阶段。合肥工业大学方兴[17]研究了 BGA 全自动植球系统锡球放置结构，提出一种计算机控制的高效锡球放置系统，建立了基于计算机自动精确对准系统的结构模型。上海交通大学邹欣珏[18]利用机器视觉模块进行定位，将激光软钎焊技术引入植球中搭建了激光植球实验平台。激光植球技术的发展过程中有许多问题需要解决，可用于实际生产的激光植球设备还需要进一步开发。

5.1.3　激光微纳连接的发展趋势

1. 激光微焊接技术

　　激光微焊接技术已在多个领域得到应用，其可行性是毋庸置疑的。但激光微焊接技术还不够成熟，尤其在激光纳米焊接中，激光光斑通常在微米尺度，激光能量会影响纳米连接点以外的辐射区域，导致纳米器件变形或功能失效，严重影响它的实用化。

　　激光微焊接技术在微纳米尺度上焊接工件，光斑的大小和焊接参数的控制对焊接质量的影响至关重要，需要通过实验进行深入研究。

2. 激光软钎焊技术

　　随着封装密度的增加和封装尺寸的缩小，对于高引线密度封装形式，普通的软钎焊技术不再可靠，而激光软钎焊技术在电子组装中的作用日益突出。

　　激光软钎焊技术的未来发展将集中在以下方面[2,15]。

　　（1）激光软钎焊过程基本原理的研究。激光软钎焊工艺的研究难点在于温度测量和焊点形态的预测。通过对焊点形态的预测、控制和优化可以获得高可靠性的焊点，因此有必要研究激光软钎焊的基本原理以获得可靠的焊点。

　　（2）半导体激光软钎焊技术的应用。目前半导体激光软钎焊设备无法满足高密度印刷线路板的快速钎焊多个焊点的要求，制约了半导体激光软钎焊设备的发展。同时电子产品呈现无铅化发展趋势，无铅焊料合金的特性不同于 Sn-Pb 焊料，无法借鉴 Sn-Pb 焊料的研究成果，因此研究半导体激光软钎焊在无铅焊料中的应用是非常重要的。

3. 激光植球技术

　　球栅阵列（ball grid array，BGA）技术是一种高性能封装技术，以外引线作为焊球呈阵列分布在封装基体底部平面上，在基体上装配大规模集成电路芯片。传统的

BGA 技术存在不稳定因素，会直接导致焊接失败。为解决传统 BGA 技术问题，科研人员提出了一种 BGA 重新植球的修复方法，即激光植球工艺。

在激光微纳连接技术中激光植球技术是柔性化技术的最新代表，是高端 BGA 封装设备的主流。为了解决传统 BGA 封装中的缺陷问题，建立基于显微视觉技术的激光植球系统，用机器视觉代替人工视觉，提高了工业生产效率和自动化程度。激光植球技术现在正处于实验研究阶段，还有很多问题迫切需要解决，如激光植球系统在实际工业中工艺参数的选择以及激光束的定位等。

5.2　激光微纳连接工艺方法和设备

5.2.1　激光微纳连接工艺方法

1. 激光微焊接技术

激光微焊接技术是一种利用高能量密度的激光束作为热源的高精密连接方法，与常规激光焊接技术所用的激光源没有严格差别。

1）激光微焊接的分类

在实际应用中按光束的输出方式，可以将激光微焊接分为脉冲激光微焊和连续激光微焊；按焊接工件的熔池（或功率密度），可以将金属焊接分成热传导焊（功率密度小于 10^5W/cm^2）和深熔焊（功率密度大于或等于 10^5W/cm^2）两种模式，如图 5.4 所示。激光在工件表面引起的温度场分布不同，决定了不同焊接模式[19]。

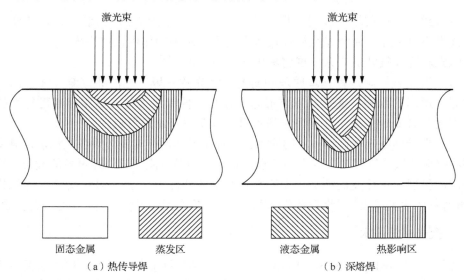

图 5.4　激光微焊接过程中不同的焊接模式

（1）热传导焊。低功率密度激光辐射到焊接材料上，吸收的光能转变为热能，使材料表面的温度达到熔点与沸点之间，由热传导将热能传向材料内部，熔化区逐渐扩大，熔化焊缝将焊接件焊接在一起。热传导焊的特点是功率密度低，激光能量大部分被金属表面反射，小部分被吸收并将光能转化成热能；材料对激光的吸收率低，焊接熔深较浅，焊接速度慢。

（2）深熔焊。高功率密度的激光辐射到焊接材料上，使其表面温度迅速上升至沸点，材料表面发生汽化，产生较大的蒸气压力和反冲力，克服金属熔化时产生的表面张力和液体的静压力，在辐射区域形成一个凹坑（或称匙孔），随着激光持续高温辐射，凹坑越来越深。在停止激光辐射后，凹坑内熔化的金属回流凹坑，凝固后使工件焊接在一起。

2）激光微焊接的特点

与传统的焊接相比，激光微焊接具有以下优点[20,21]。

（1）适用于远距离和难以接近部位的焊接。激光束能够在空间传播相当长的距离而衰减很小，可以实现远距离或难以到达的部位焊接。

（2）焊接变形小。激光束作用在小范围区域，加热和冷却速度极快，产生的热影响区和热变形小。在深熔焊中可以获得深宽比大的焊缝，深宽比高达 12：1，焊缝深而窄，因此工件产生的变形极小。

（3）适用范围广。可以对难熔金属、热敏感性强的金属、热物理性能悬殊的工件、磁性材料等进行焊接，也可穿过透明材料对密闭容器内的工件进行焊接。

2. 激光软钎焊技术

激光软钎焊技术是以激光为热源加热焊料熔化的钎焊技术。根据钎料的液相温度可以将其划分成软钎焊（低于 450℃）和硬钎焊（高于 450℃）。

1）激光软钎焊的原理

激光软钎焊也称激光再流焊，通过激光加热电子器件的引线（或无引线）连接焊盘，用预制焊料向基体传热，温度到达焊料熔点，焊料熔化使得基体和引线润湿，形成具有电气连接和机械支撑双重作用的焊点[22]。

2）激光软钎焊的特点

相比传统的钎焊方法，激光软钎焊具有如下优点[2,23]。

（1）非接触性的局部加热。激光可以精确定位待焊接的部位，局部的热输入可以避免对周围材料的热损伤，适合热敏器件的组装。

（2）可靠的软钎焊焊点。激光的高强度辐射只发生在焊接引线部位，不会对器件产生热应力。同时钎料的快速熔化和冷却产生微细的焊点微观组织，可以提高焊点的韧性和疲劳强度。

（3）精确可控的工艺参数。根据不同的元器件引线类型控制工艺参数获得质量均匀的焊点。

3. 激光植球技术

激光植球技术是通过激光热效应使焊球熔化，并与焊接基体牢固结合的连接技术。

1）激光植球的原理

激光植球通过局部激光辐射代替再流焊对大批量 PCB 基体整体加热进行焊接，使 BGA 焊球与焊盘结合达到植球目的。图 5.5 是激光植球工艺示意图，通过分球机构将焊球送至喷嘴，氮气压力达到设定值时，激光作用到焊球上，焊球吸收激光能量，熔化并喷射到焊盘上形成连接。氮气的主要功能是加速焊球熔化、碰撞焊盘的氧化膜并形成喷射连接和防止熔化的焊球再次氧化[24]。

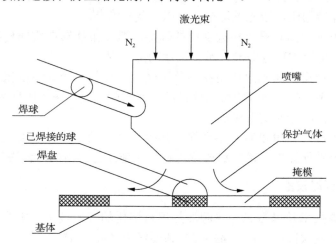

图 5.5　激光植球工艺示意图[25]

2）激光植球的特点

激光植球技术将激光引入植球工艺，将批量规模植球和柔性植球相结合。在激光植球的过程中可以实现焊球逐个植入并与焊盘结合一次完成，最小植球间距为 0.3mm，满足当前流行的 BGA 封装密度的要求[17]。

激光植球技术克服了传统返修过程的缺点，可以实现单个焊球返修，即对单点进行再流焊。返修过程中，预备的焊球在助焊剂的作用下粘贴在焊盘上，激光束对焊球加热，使得熔化后的焊球与焊盘焊接在一起[18]。

5.2.2　激光微纳连接设备

激光微纳连接设备主要包括激光器、光学系统、控制系统和冷却系统等。

1. 激光微焊接设备

1）激光器

激光器是激光微焊接设备的重要组成部分，激光微焊接时应采用合适的激光器。由于不同的材料对波长吸收敏感度具有差异，激光器一般根据被焊接材料进行选择。表 5.2 列出三种应用于激光焊接中的激光器，CO_2 激光器产生的辐射在远红外区段（波长为 $10.6\mu m$），在这个波长内有机物和玻璃（环氧树脂和陶瓷基体）容易被吸收，但金属对该波段的激光吸收较弱；Nd:YAG 激光器产生的辐射在近红外区段（波长为 $1.06\mu m$），在此波长内激光可以被金属吸收，玻璃、陶瓷等有机物对该波段的激光吸收较弱；波长在 $0.78\sim0.90\mu m$ 的半导体激光器更易被金属吸收[26]。

表 5.2　不同激光器的特点

激光器	波长/μm	工作方式	工作物质	特点
Nd:YAG 激光器	1.06	脉冲、连续	$Nd^{3+}:Y_3Al_5O_{12}$	可光纤传送
CO_2 激光器	10.6	连续	CO_2-N_2-He 混合气体	大功率
半导体激光器	0.78~0.90	脉冲、连续	GaAs、CdS、InP 等	效率高

2）光学系统

光学系统主要进行光束的传输和聚焦，主要是光路的传递。在进行直线传输时，通道主要是空气；在进行大功率或大能量传输时，必须采用屏蔽措施以免对人身造成危害。在激光输出快门打开之前，激光器不对外输出。

3）控制系统

控制系统主要由控制器模块、控制电路、功能控制面板组成，完成激光微焊接设备的逻辑功能控制、电气控制、电压输出控制、执行程序编辑等功能。

4）冷却系统

冷却系统是激光微焊接设备运行的基本保障，一般由内循环水路系统和外部水冷机组成。内循环水路系统主要起到过滤激光设备水路循环杂质、净化水质、平衡温度的作用；外部水冷机通过压缩机运行降低激光设备内部水温。

5）典型的激光微焊接设备

激光二极管泵浦 Nd:YAG 激光器是一种典型的激光微焊接设备，它是将激光二极管作为泵浦源，以掺杂的晶体等固体材料作为增益介质的激光器。激光二极管泵浦激光器的结构紧凑、转换效率高和工作寿命长等特点是传统泵浦激光器无法代替的，是当今激光技术发展的主要方向之一[27]。

1964 年，麻省理工学院 Keyes 和 Quist[28]首次将半导体激光器作为固体激光器的抽运源，形成了激光二极管抽运固体激光器的雏形；1968 年，Ross[29]将抽运 Nd:YAG 晶体和二极管抽运源配合使用，实现了脉冲频率为 200Hz 的输出。此后二极管激光器的研发进入了高速发展的阶段，2012 年，日本 Nichia 公司和德国 OSRAM 公司研发出高功率绿光激光二极管（515nm/520nm），在未来的发展中将倍频替代产出绿光[30]。

图 5.6 为美国 Quantronix 公司 Q-DP100-532QS-MM 型激光二极管泵浦抽运 Nd:YAG 激光器的实验装备。此设备二极管输出绿光，波长为 532nm，脉冲重复频率为 10.5Hz，光束直径为 2.6mm，二极管抽运电流控制激光的平均功率，光束以非聚焦的状态照射在接触面上，但光束直径大于连接器直径会损失一部分光辐射[31]。

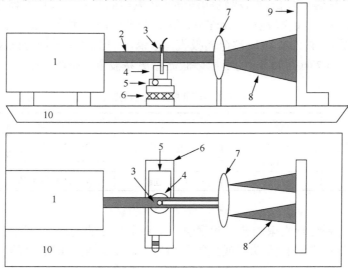

图 5.6　激光二极管泵浦抽运 Nd:YAG 激光器实验装置示意图

1-Nd:YAG 激光器；2-光束；3-连接器；4-支架；5-侧微轴；6-吊卡；7-透镜；
8-扩展光束；9-屏幕；10-光学工作台

2. 激光软钎焊设备

除了激光微焊接设备组成激光软钎焊设备还包括焊料输送系统。

激光软钎焊技术主要依靠熔化焊料填充焊缝实现焊接，焊料输送系统通过电极驱动运送焊料。焊缝的质量与焊料输送系统密切相关，采用合适的焊料进行焊接是获得良好焊接接头的关键因素。

3. 激光植球设备

除了激光微焊接设备组成激光植球设备还包括显微视觉系统、气动系统。

1）显微视觉系统

显微视觉系主要由摄像机、成像透镜、LED 光源组成，从拍摄的图像中提取目标焊盘的特征，实现图像采集、图像处理、坐标转换三个基本功能[32]。

2）气动系统

气动系统是激光植球技术实现植球与返修的辅助系统，它主要由储气罐、真空泵、吸嘴、焊料盒等组成，实现吸球、放球、提供植球保护气及回收重熔废料的功能。

5.2.3 激光微纳连接工艺参数优化研究

影响激光微纳连接技术加工质量的工艺参数主要有激光功率密度、聚焦光斑面积、脉冲能量、脉冲重复频率、焊接速度、焊接时间、离焦量。各工艺参数对焊接加工质量的影响不是孤立的，而是相互作用的结果，最终反映到加工质量和加工效率上。理论上讲，在工艺参数一定的情况下，加工效率越高，加工质量越低，反之亦然。加工效率一定意义上等同于焊接速度，下面以焊接速度工艺参数为例，详细介绍焊接速度和工件焊接质量的关系。

焊接速度决定了激光焊接过程中光斑在工件上停留时间。焊接速度过快或过慢都不利于焊接质量，需要针对不同的焊接材料，通过实验测定最佳的焊接速度。

图 5.7 是孙旭等[33]在 1.8mm 厚的 DP590 钢板上用不同的焊接速度进行激光焊接实验，采用 Flow-3D 软件进行模拟，通过模拟和实验统计对比发现焊接速度为 0.055m/s 和 0.065m/s 时发生突变，焊接熔深受焊缝吸收的能量影响，呈阶段性变化。

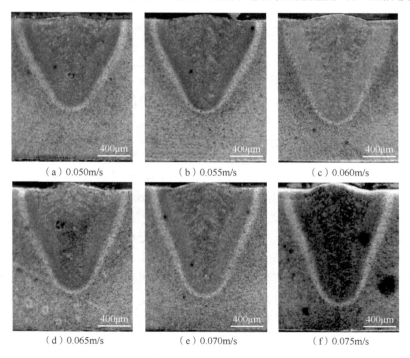

<table>
<tr><td>（a）0.050m/s</td><td>（b）0.055m/s</td><td>（c）0.060m/s</td></tr>
<tr><td>（d）0.065m/s</td><td>（e）0.070m/s</td><td>（f）0.075m/s</td></tr>
</table>

图 5.7   不同焊接速度下激光焊接熔深的截面图

　　南京航空航天大学薛松柏等[34]研究了激光软钎焊技术对 SOP 器件焊点抗拉强度的影响。实验结果表明，在激光软钎焊的技术条件下，焊接速度对 SOP 器件焊点的抗拉强度有显著影响，而 Sn-Pb 钎料焊点的力学性能对焊接速度的敏感度低于 Sn-Ag-Cu 无铅钎料焊点。图 5.8 中 Sb-Pb 钎料焊点在激光焊接速度为 400mm/min 时抗拉强度达到最大值，Sn-Ag-Cu 无铅钎料焊点在焊接速度为 300mm/min 时抗拉强度达到最大值；激光软钎焊焊接 SOP 器件时，焊接速度过慢会使焊点的端口有韧窝和裂纹，焊接速度过快会出现大量的韧窝。

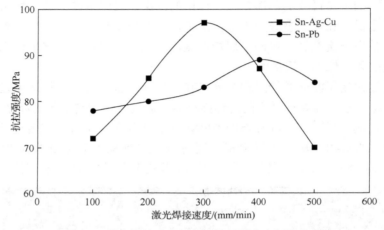

图 5.8　激光焊接速度与焊点抗拉强度之间的关系

5.3　激光微纳连接的应用

5.3.1　透明材料的激光微纳连接技术

　　同种材料和异种材料的微连接技术越来越成熟，但是对玻璃这种透明易碎材料的激光微纳连接仍面临挑战。由于玻璃是一种脆性的透明材料，不易吸收激光能量，在焊接过程中极易产生热膨胀破裂，同时热效应也会影响玻璃的透射率等性能。

　　为了解决透明材料的激光微纳连接问题，目前提出了两种方法：一是在焊接面加入中间层或在下层工件涂上非透明颜料增强吸收率，用热传导的方式将吸收的能量传递到上层材料，经熔化、凝固实现透明材料的焊接。二是采用超短脉冲激光微焊接。当超短脉冲激光能量超过一定的阈值时，透明介质内部产生非线性吸收，在焦点处熔融以实现微连接。图 5.9 是不同激光微焊接透明材料的方法[35]。Linde 和 Schüler[36]将激光微纳连接技术应用于石英玻璃中，发现当超短脉冲激光与光学材料相互作用时，具有抗光击穿和材料损失的能力，可以实现激光微焊接玻璃。

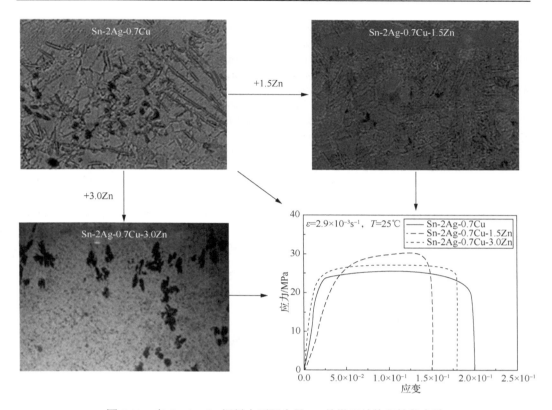

图 5.13　在 Sn-Ag-Cu 焊料中不同含量 Zn 的微观结构和性能实验

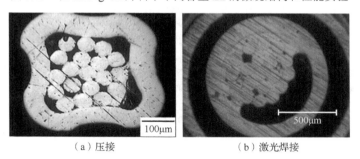

（a）压接　　　　　　　　　　　　（b）激光焊接

图 5.14　电缆连接器的截面图

　　激光微纳连接技术可以提高无铅焊料的润湿性以及焊点的力学性能和电学性能，可以解决电子电气产品中的可靠性问题。

参 考 文 献

[1] 邹贵生, 闫剑锋, 母凤文, 等. 微连接和纳连接的研究新进展[J]. 焊接学报, 2011, 32（4）: 107-112.

[2] ZHOU Y N. Microjoining and nanojoining[M]. Cambridge: Woodhead Publishing Ltd., 2008.

[3] BUZAWA M J, HOPKINS R E. Optics for laser scanning[C]. //Acquistion&Analysis of Pictorial Data. 1976: 9-14.

[4] KIM S J, JANG D. Laser-induced nanowelding of gold nanoparticles[J]. Applied Physics Letters, 2005, 86（3）: 033112.

[5] SHE J, AN S, DENG S, et al. Laser welding of a single tungsten oxide nanotip on a handleable tungsten wire: A demonstration of laser-weld nanoassembly[J]. Applied Physics Letters, 2007, 90: 073103.

[6] HSU Y, WANG Y, WU S, et al. Effect of CO_2 laser welding on the shape-memory and corrosion characteristics of TiNi alloys[J]. Metallurgical and Materials Transactions A, 2001, 32: 569-576.

[7] 姚润华. 医用 NiTi 形状记忆合金激光微连接接头的组织与性能研究[D]. 太原: 太原理工大学, 2019.

[8] HÉLIE D, FABRICE L, VALLÉE R. Bonding of optical materials by femtosecond laser welding for aerospace and high power laser applications[J]. Proceedings of SPIE, 2012, 8412: 841210.

[9] 潘泽浩, 程战, 刘磊, 等. 石英玻璃飞秒激光微连接及其接头性能[J]. 焊接学报, 2016, 37（6）:5-8.

[10] HOULT A P, MCLENAGHAN A J, RATHOD J. Advances in laser soldering using high power diode lasers[C]. First International Symposium on High-PowerLaserMacroprocessing. International Society for Optics and Photonics, 2003.

[11] JONES T A, ALBRIGHT C E. Laser beam brazing of small diameter copper wires to laminated copper circuit boards[J]. Welding Journal, 1984, 63: 34-47.

[12] WANG C Q, QIAN Y, JIANG Y. Experimental investigation and numerical simulation of the SMT laser microsoldering thermal process[J]. Soldering & Surface Mount Technology, 1991, 3（2）: 29-31.

[13] 王春青, 姜以宏. 表面组装激光软钎焊接头质量的实时检测与控制[J]. 中国机械工程, 1993, 4（6）: 9-11.

[14] YANG W G, MESSLER R W, FELTON L. Microstructure evolution of eutectic Sn-Ag solder joints[J]. Journal of Electronic Materials, 1994, 23: 765-772.

[15] 姚立华. 半导体激光软钎焊技术研究[D]. 南京: 南京航空航天大学, 2006.

[16] LAFERRIERE P, FUKUMOTO A. Laser-diode based soldering system with vision capabilities[C]. Seventeenth IEEE/CPMT International Electronics Manufacturing Technology Symposium.Manufacturing Technologies - Present and Future,1995.

[17] 方兴. 用于集成电路球栅阵列（BGA）封装的全自动植球机的研制开发[D]. 合肥: 合肥工业大学, 2005.

[18] 邹欣珏. 基于 BGA 芯片的激光植球系统的设计与研究[D]. 上海: 上海交通大学, 2007.

[19] 宋永刚. 激光钎焊镀膜 CBN 外珩轮数值模拟与实验研究[D]. 太原: 太原理工大学, 2009.

[20] 徐庆仁. 激光焊接技术的特点及其应用[J]. 航天工艺, 1991（6）: 55-60.

[21] 杨芙, 鞠洪涛, 贾征, 等. 焊接新技术[M]. 北京: 清华大学出版社, 2019.

[22] 黄翔, 薛松柏, 韩宗杰. 激光软钎焊的研究现状及发展趋势[J]. 焊接, 2006（8）: 13-17.

[23] 徐聪, 吴懿平, 陈明辉. 电子封装与组装中的激光再流焊[J]. 电子工艺技术, 2001（6）: 252-255.

[24] 卫国强, 杨永强, 温增璟. 无钎剂激光喷射植球工艺的研究[J]. 激光技术, 2007（6）: 575-577.

[25] AMIN R. Soldering with diode lasers [J]. SMT, 2000, 5（42）: 23-28.

[26] 田艳红, 王春青. 微电子封装与组装中的再流焊技术研究进展[J]. 焊接, 2002（6）: 5-9.

[27] 宋小鹿. 二极管泵浦固体激光器若干重要问题的研究[D]. 西安: 西安电子科技大学, 2009.

[28] KEYES R J, QUIST T M. Injection luminescent pumping of CaF_2:U^{3+} with GaAs diode lasers[J]. Applied Physics Letters, 1964, 4: 50-52.

[29] ROSS M. YAG laser operation by semiconductor laser pumping[J]. Proceedings of the IEEE, 1968, 56: 196-197.

[30] 程秋虎. 二极管抽运激光器输出光性能的影响因素研究[D]. 西安: 西安电子科技大学, 2018.

[31] LIMA M S F, RIVA R, DESTRO M G, et al. Characterization of a laser-soldered avionic component using lead-free paste[J]. Optics & Laser Technology, 2009, 41（2）: 159-164.

[32] 邹欣珏, 熊振华, 王禹林, 等. 基于机器视觉的激光植球系统标定[J]. 中国机械工程, 2007, 18（19）: 2340-2345.

[33] 孙旭, 张林杰, NA S J. 功率密度对 DP590 钢激光焊缝熔深及组织的影响[J]. 精密成形工程, 2020, 12（1）: 111-116.

[34] 薛松柏, 黄翔, 吴玉秀, 等. 激光再流焊焊接速度对 SOP 器件焊点力学性能的影响[J]. 焊接学报, 2007（5）: 21-24.

[35] 范文中, 赵全忠. 超短脉冲激光微焊接玻璃进展[J]. 激光与光电子学进展, 2015, 52（8）: 7-19.

[36] LINDE D, SCHÜLER H. Breakdown threshold and plasma formation in femtosecond laser-solid interaction[J]. Journal of the Optical Society of America B, 1996, 13（1）: 216-222.

6.1.3　激光微纳增材制造技术面临的挑战和未来发展趋势

激光微纳增材制造技术目前的研究成果多局限在实验室，工业化推广少。这是因为其涉及学科众多，技术难度较高。如何将激光微纳增材制造技术走向工业化，将是以后的研究重点。当前激光微纳增材制造技术面临的挑战性问题有：①加工效率。效率低下是现有增材制造所面临的共性问题，如何实现材料或功能器件的快速制造和大面积制造是增材制造推广与普及面临的挑战。比如，双光子聚合技术需要对材料进行逐点扫描，这个过程需要数小时，加工效率低，很难满足实际需求。②材料种类。微立体光刻技术、双光子聚合加工技术目前可用的材料主要局限在液态光敏树脂，如何实现包括高分子材料、陶瓷、半导体、金属等在内的其他多种材料的微纳增材制造是国内外学者一直探究的问题。③亚微米尺度复杂金属微结构的制备。目前微激光烧结技术加工精度是微米量级，如何对金属材料的三维微结构实现亚微米级加工还在探索中，而且目前满足亚微米尺度金属微结构制造要求的粉末状金属材料、金属基复合材料几乎还没有。

为了推进微纳增材制造技术的应用和工业化进程，激光微纳增材制造技术未来发展趋势将会集中在以下几个方面：①提高加工效率。对于双光子聚合加工，通过分束元件将入射光分为多束，实现多焦点并行加工，如将光束分为 5×5 的阵列，则加工 25 个微结构和加工单个微结构所用的时间一致。目前的分束技术可以将单个光束分为几十束乃至几百束，从而将加工效率提高几个数量级。此外，还可采用空间光调制器，通过空间光调制技术实现光场的图形化，从而能够进行更灵活的高效率加工。②可实现微纳增材制造的材料种类日益增多。随着材料科学和激光微纳增材制造技术的发展，可实现激光微纳增材制造的材料也在不断增多，包括液态光敏树脂、半导体材料、陶瓷、金属等。③纳米级微纳增材制造装备研发。在该领域研发重点从材料入手，逐步过渡到制造微器件和微结构，将来会侧重高精度增材制造装备的研发。国外多家公司相继推出了纳米增材制造设备，如德国 Nanoscribe 公司和美国 Old World Labs 公司。

6.2　飞秒激光双光子聚合技术

6.2.1　双光子吸收与双光子聚合的原理

1. 双光子吸收的原理和特点

在飞秒激光和物质相互作用过程中，当激光能量密度超过某个值时，会产生非线性效应。在激光作用下，介质的极化强度 P 和光电场强度 E 有关：

$$P(E) = \varepsilon_0 \chi_{(1)} E + \varepsilon_0 \chi_{(2)} EE + \varepsilon_0 \chi_{(3)} EEE + \cdots \tag{6.1}$$

式中，ε_0 为真空介电常数；$\chi_{(n)}$ 为 n 阶电极化率，为 n 阶张量，对应 n 阶非线性光学效应；$\chi_{(1)}$ 为介质的线性电极化率；$\chi_{(2)}$ 对应二次谐波产生、线性光电效应等二阶非线性光学效应，$\chi_{(3)}$ 对应三次谐波产生、双光子吸收等多种三阶非线性光学效应。

　　单光子吸收（one-photon absorption，OPA）是一种线性光学效应，指在光照下物质的一个分子吸收一个光子（hv_1）后，从基态 E_1 跃迁到激发态 E_2，然后通过无辐射跃迁或荧光转换回到基态。双光子吸收（two-photon absorption，TPA）是一种三阶非线性光学效应，指材料分子同时吸收两个光子，到达激发态 E_2，示意图如图 6.1 所示。双光子吸收光子的过程分为两种：一种是处于基态 E_1 的分子同时吸收两个光子；另一种是先吸收一个光子，从基态跃迁到虚拟态，在虚拟态只停留几飞秒，如果另一个光子在这个时间段内到达，在两个光子的协同作用下，处于虚拟态的分子会到达激发态 E_2。对于单光子吸收和双光子吸收，处于高振转能级的分子会迅速弛豫到第一激发态电子能级，然后通过辐射或非辐射的方式回到基态，如图 6.1 中的虚线箭头所示。双光子吸收分为简并吸收和非简并吸收，材料分子同时吸收两个频率相同的光子为简并吸收，材料分子同时吸收两个频率不同的光子为非简并吸收。

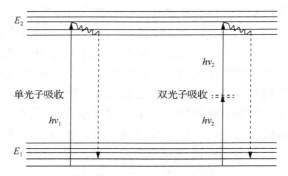

图 6.1　单光子吸收和双光子吸收跃迁示意图

　　双光子吸收是一种三阶非线性光学过程。在双光子吸收过程中，光与介质在单位时间、单位体积内的能量交换与入射光强 I 的平方成正比：

$$\frac{\mathrm{d}W}{\mathrm{d}t} = \frac{8\pi^2 \omega}{n^2 c^2} I^2 \operatorname{Im}\left(\chi_{(3)}\right) \tag{6.2}$$

式中，ω 为入射激光频率；n 为材料折射率；c 为在真空中光的传播速度；I 为入射光强；$\operatorname{Im}\left(\chi_{(3)}\right)$ 为三阶系数的虚部。

　　双光子吸收具有以下两个特点：①用于激发双光子吸收的波长属于近红外波段（780～1000nm），与紫外光和可见光（200～760nm）相比较，入射激光穿透性强，入射损耗小，同时对材料的损伤小。②发生双光子吸收的频率和入射光强的平方呈正比关系，双光子吸收只发生在光强足够大的地方，也就是焦点位置极小区域内，因此双光子吸收的空间选择性很高。

2. 双光子聚合的原理和特点

单光子聚合（one photon polymerization，OPP）是在紫外光或可见光的激发作用下，物质分子吸收一个光子并跃迁至激发态后引发聚合反应；而双光子聚合利用简并双光子吸收，在近红外飞秒激光的激发作用下，物质分子同时吸收两个频率相同的光子到达激发态，引发聚合反应。双光子聚合具有对材料穿透能力好、空间分辨率高、可实现材料内部的定点真三维加工等优势。

双光子聚合主要具有以下两个特点：①可突破衍射极限，有机物成型尺寸精度高，可达亚微米级和纳米级。双光子聚合和入射光强有关，只有当光强超过一定阈值时才会发生。通常激光聚焦后呈现高斯分布，在光斑中心处光强最高，随光束半径向外逐渐减小，通过控制光强使其达到双光子聚合阈值，使得双光子聚合仅发生在焦点附近极小范围内，如图 6.2 所示。有机物成型尺寸远小于光斑尺寸，可以达到亚微米级或纳米级，突破了远场光学衍射极限，这为将双光子聚合应用于微纳加工开启了新篇章。②属于真三维微纳加工。通常采用近红外激光（780～1000nm）作为双光子聚合激发光源。和紫外光相比，近红外激光的光子能量小，材料的瑞利散射和线性吸收小，激光对材料的穿透性强，因此双光子聚合技术具有空间选择"点"聚合的能力，可以实现真正的三维微纳加工。

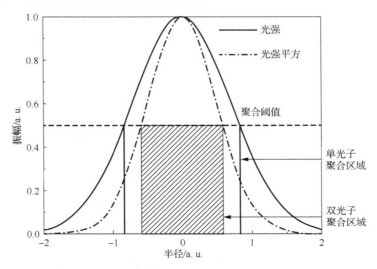

图 6.2　高斯分布激光能量包络图和单光子、双光子聚合能量分布图

双光子聚合是一个光化学过程，典型的双光子聚合包括引发过程、增长过程和终止过程，可以用式（6.3）～式（6.5）来描述。式（6.3）代表引发过程，在单体分子中，具有良好光化学反应的光引发剂吸收两个光子后，达到激发态（PI^*）并分解产生自由基（R·）。式（6.4）代表增长过程，在该过程中，首先自由基（R·）和单体分子或低聚物分子（M）反应，形成单体基团（RM_n·），然后通过链式反应进行增长。式（6.5）代表终止过程，在该过程中，两个单体基团相接触，链式反应被终止。

$$PI \xrightarrow{\ hv+hv\ } PI^* \longrightarrow R\cdot + R\cdot \tag{6.3}$$

$$R\cdot + M \longrightarrow RM\cdot \xrightarrow{\ M\ } RMM\cdot \cdots \longrightarrow RM_n\cdot \tag{6.4}$$

$$RM_n\cdot + RM_m\cdot \longrightarrow RM_{n+m}R \tag{6.5}$$

3. 双光子聚合微加工系统

双光子聚合加工将近红外飞秒激光束通过大数值孔径透镜（油浸透镜）聚焦到液态光敏树脂内，通过控制入射激光能量，使位于激光焦点处的材料发生聚合反应，焦点以外的区域因激光强度较小不发生反应。使用有机溶剂将没有发生反应的区域清洗掉，将发生光物理或光化学反应的区域保留下来。通过控制激光焦点和聚合材料的运动，得到预先设计的加工图形。

双光子聚合材料将有机物单体、交联剂、光敏剂和光引发剂按一定比例构成，在光敏剂和光引发剂作用下，有机物单体和交联剂吸收光子产生自由基，然后发生交联聚合固化成型[3]。在双光子聚合实验中，多采用 SCR500 或者 SU-8 作为聚合材料。

双光子聚合加工系统示意图可参考图 1.21，基本要素主要包括：①能够诱发双光子聚合的飞秒激光器装置，主要组成元件是飞秒激光器及其配套设施，由于飞秒激光具有脉冲持续时间短、瞬时功率密度高的特点，瞬时功率密度高达 10^{20}～10^{22}W/cm^2，适合作为双光子聚合光源。通常采用锁模钛蓝宝石激光器 Ti: sapphire（输出波长为 690～880nm，中心波长为 780nm）。②光路传输控制装置，主要组成元件有光闸、扩束管、透镜和反光镜，功能是调节激光功率、扩束、传输和聚焦。③共焦实时监视装置，主要组成元件是显微镜和 CCD，功能是激光对焦和实时监控加工过程。④扫描系统，扫描方式通常有两种，一种是加工样品保持固定，激光束移动；另一种是激光束保持不动，加工样品移动。⑤计算机软件控制装置，主要组成元件是计算机及其控制软件，功能是根据设计需求，使激光焦点在材料中按照设计路径进行扫描。

根据加工需求不同，飞秒激光和工件间的扫描系统包括三维压电平台、二维振镜和一维压电移动台组合等多种方式。图 6.3（a）是采用三维压电平台作为扫描系统的双光子聚合加工系统[4]，该系统存在的问题是三维压电平台移动距离有限，扫描速度不高。图 6.3（b）采用了二维振镜（X 和 Y 方向）和一维压电移动台（Z 方向）组合作为扫描系统[5]。与三维压电平台相比，二维振镜具有扫描速度高和动态响应快的优点，所以加工效率较高。但是二维振镜的加工幅面较小，这是因为物镜口径有限，振镜扫描角度不宜太大。图 6.3（c）的扫描系统是三轴直线平台[6]，图 6.3（d）的扫描系统是三轴气浮平台和二维振镜[7]。通常来讲，二维振镜适用于加工的工件面积较小时的情况，三轴气浮平台适用于加工的工件面积较大时的情况。二维振镜和三轴气浮平台的组合可以增大加工尺寸，同时保证了加工精度。

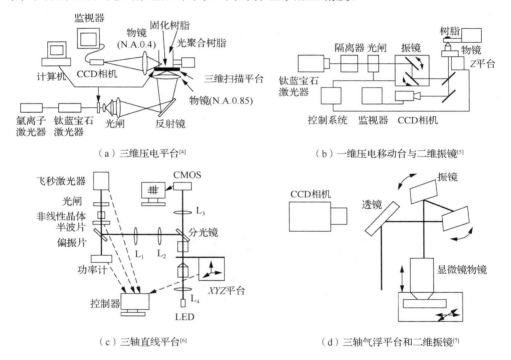

（a）三维压电平台[4]　　　　　　　　（b）一维压电移动台与二维振镜[5]

（c）三轴直线平台[6]　　　　　　　　（d）三轴气浮平台和二维振镜[7]

图 6.3　采用不同扫描方式的双光子聚合加工系统

6.2.2　飞秒激光双光子聚合技术研究进展

近二十年来，国内外专家学者对于飞秒激光双光子聚合技术的研究不断深入，从双光子聚合理论的提出，到双光子聚合技术的实现，不断提高加工的分辨率和效率，逐步将双光子聚合技术进行工业化推广，表明了双光子聚合技术在不断发展。

双光子聚合技术的发展具有阶段性。早在 1931 年，德国学者 Gőppert-Mayer 提出了双光子吸收理论，从理论上预言了双光子吸收的存在，由于当时激光技术尚未发展，无法进行双光子吸收的实验研究。1961 年，当激光器出现后，Garret 和 Kaiser[8]在实验上首次证实了双光子吸收现象，他们采用红宝石激光器（波长为 694.3nm）作为激发光源，在 GaF_2: Eu^{2+} 晶体中观测到 425nm 的蓝色荧光，从而证实了 Gőppert-Mayer 的理论。在其后的三十年间，双光子吸收和双光子聚合的研究发展较缓慢，到了 20 世纪 90 年代，随着飞秒激光器的出现才快速发展起来。

1997 年，日本大阪大学 Kawata 团队[4]采用波长为 790nm 的钛蓝宝石激光器在 SCR500 光敏树脂中成功加工出了直径为 7μm 的螺旋结构，宽度为 1.3μm，如图 6.4 所示。该研究标志着双光子聚合技术可以实现三维微纳结构制备。1999 年，美国加利福尼亚理工学院 Cumpston 等[9]利用脉宽为 150fs 的钛宝石飞秒激光器成功制备了三维光子带隙微结构器件，表明双光子聚合技术可用于器件的制作。孙洪波用波长为 800nm 的激光激发光敏树脂聚合材料，加工出宽度为 1μm 以下的聚合线，分辨率较之前有了明显的提高。日本大阪大学 Kawata 利用重复频率为 76MHz、波长为 780nm、脉宽为 150fs、单脉冲能量为 0.6μJ 的钛蓝宝石飞秒激光器制造出当时世界上最小的三维结构，如图 6.5 所示，即一个红细胞大小的"纳秒牛"，长度为 10μm，高度为 7μm，加工分辨率高达 120nm。该成果首次从实验上突破了光学衍射极限，对精细微纳加工制备三维复杂微小部件具有极其重要的意义。

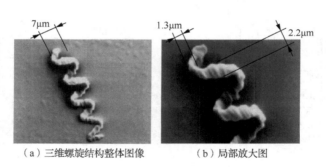

　　　　（a）三维螺旋结构整体图像　　　　　　（b）局部放大图

图 6.4　双光子聚合加工的三维螺旋微结构[4]

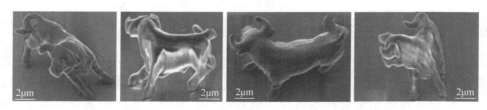

图 6.5　利用飞秒激光双光子聚合加工出来的"纳米牛"结构

随后，双光子聚合技术逐渐被用于各种 MEMS 零部件的制作，同时通过结合光镊技术，可对微传动齿轮组[10]或者微型镊子等零件进行驱动，控制齿轮的转动和镊子尖端的开放与闭合。研究人员还利用双光子聚合技术制备了多种微模型和结构，如房子和金字塔模型（尺寸约 10μm）[11]、微龙、微风车、弯曲和分叉等结构，如图 6.6 所示。此外，双光子聚合技术还可以用于各种微光学元件的制作，如微棱镜阵列、衍射光学元件等，如图 6.7 所示。

（a）在有机改性陶瓷上加工的微龙结构

（b）在有机改性陶瓷上加工的可移动微风车

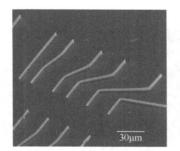

（c）在金属表面上加工的弯曲结构

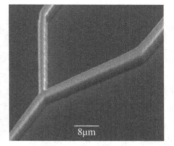

（d）在金属表面上加工的分叉结构

图 6.6　飞秒激光双光子聚合加工的微结构[7]

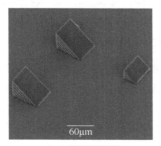

（a）微棱镜阵列

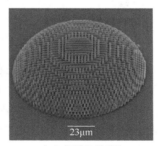

（b）衍射光学元件

图 6.7　飞秒激光双光子聚合加工的微光学元件[7]

如何提高双光子聚合加工分辨率一直是科研人员探索的课题。日本大阪大学Takada 等[12]利用在高分子树脂中添加阻聚剂的方法将横向空间分辨率从原来的120nm 提高到 100nm 左右，分辨率为所使用波长的 1/8，远小于不加阻聚剂时的聚合线线宽。该技术的原理是将光敏树脂的活性降低，通过控制激光能量和光斑，在焦点位置附近发生聚合，最后得到宽度约为 100nm 的聚合线条。中国科学院理化技术研究所段宣明课题组[13]利用含有低阈值引发剂的高分子树脂材料，将加工分辨率提高到了波长的 1/10，制备出尺寸为 80nm 的聚合线条。日本北海道大学 Juodkazis 等[14]利用双光子聚合技术，同时结合材料的表面张力，制备出了直径仅为 30nm 的悬空线，如图 6.8（a）所示。北京大学 Tan 等[15]用 780nm 的飞秒激光加工 SCR500 材料，通过优化激光功率和加工速度，采用 700μm/s 速度快速扫描，获得了直径为 15nm 的悬空线结构，如图 6.8（b）所示，加工分辨率被提高到了光源波长的 1/52。阈值附近处的曝光条件控制是获得极限加工分辨率的关键，通过减小曝光量和改进系统结构[16]可以提高双光子聚合加工的分辨率。采用激发光和抑制光两束光，利用抑制光来减小激发光的作用区域，并结合新型光刻胶，可制备出直径为 9nm 的悬空线[17]，将飞秒激光双光子聚合加工的分辨率提高到一个新的高度。

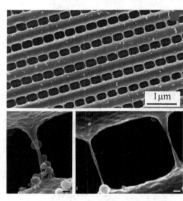 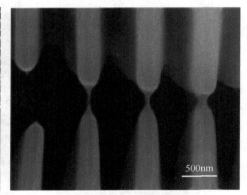

（a）直径为30nm的悬空线结构[14]　　　　　　　（b）直径为15nm的悬空线结构[15]

图 6.8　有机物悬空线结构

随着研究的深入，人们发现除了飞秒激光，其他类型激光也可产生双光子聚合效应。德国卡尔斯鲁厄理工学院 Thiel 等[18]采用波长为 532nm 的连续激光制作了三维木堆型晶体结构。该晶体结构为 24 层，棒间距为 450nm。可加工材料也不局限于有机物材料，逐渐扩展到金属-有机物复合材料等其他材料。同时，研究人员还将研发重点转向了工业化生产三维微纳结构的 3D 打印设备，如德国 Nanoscribe 公司开发出的 Photonic Professional GT。

国内多家科研机构也在双光子聚合加工领域展开了相关研究。例如，中国科学技术大学蒋中伟等[19]制作了 30μm×30μm×30μm 微齿轮结构。江苏大学刘立鹏等[20]制备出了字母"CHINA"结构，该结构线宽为 1μm、字母宽度为 5μm，且在国内首次制备出四层的三维木堆型光子晶体结构，杆间距和层间距都为 5μm。青岛理工大学 Sun[21]搭建了钛蓝宝石飞秒激光微纳加工系统，在液态有机物材料上制作了渐开线微齿轮，其表面粗糙度 Ra 为 27.66nm，并制备了三维纳米墙结构，同时优化工艺参数，得到直径小于 100nm 的纳米线，如图 6.9 所示，证明飞秒激光双光子聚合技术为微纳器件的制造提供了一种有效方法。

（a）纳米墙　　　　　　　　　　　　　　　　　（b）纳米线

图 6.9　飞秒激光双光子聚合加工三维微纳结构[3]

6.2.3　飞秒激光双光子聚合技术应用领域

与其他微纳加工方法相比，双光子聚合加工热影响区小，分辨率高，可获得特征尺寸小于 100nm 的微观结构，无须掩模，可以加工多种材料（如有机物、陶瓷、金属、杂化材料等）的任意复杂的三维微纳结构或器件，是真正的三维微加工，被广泛应用在微/纳机电系统、微光学元件、微流体器件、生物医疗和组织工程等领域。

1. 微/纳机电系统

针对微/纳机电系统（MEMS/NEMS）零部件加工制造难题，引入飞秒激光双光子聚合技术，实现对微纳米尺度的三维机械零件的制备。将四氯化三铁粒子掺杂在光刻胶中，加工出具有磁性的三维微机械器件，如图 6.10 所示，可以利用磁场对微机械器件进行推动。除了对微机械器件进行磁性推动，利用近红外光对光刻胶材料穿透性强的特性，微机械器件还可以被光驱动。2003 年，日本名古屋大学 Shoji Maruo 课题组[11]加工出微型镊子，如图 6.11 所示，该微型镊子上带有亚微米的探针，可以在微型镊子驱动下实现对微小物体的夹持和搬运，同时针尖还可以推动或者刺过纳米颗粒，可用于对活细胞的纳米手术操作上。

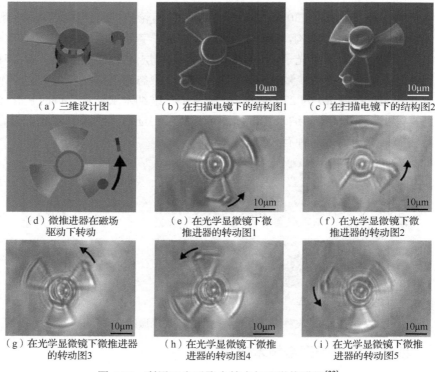

（a）三维设计图　　　　（b）在扫描电镜下的结构图1　　　（c）在扫描电镜下的结构图2

（d）微推进器在磁场　　　（e）在光学显微镜下微　　　（f）在光学显微镜下微
驱动下转动　　　　　　推进器的转动图1　　　　推进器的转动图2

（g）在光学显微镜下微推进器　（h）在光学显微镜下微推　　（i）在光学显微镜下微推
的转动图3　　　　　　进器的转动图4　　　　进器的转动图5

图 6.10　利用双光子聚合技术加工微推进器[22]

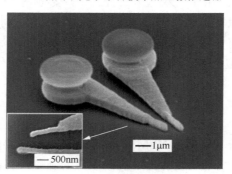

图 6.11　利用双光子聚合技术制备的具有亚微米探针尖端的微型镊子[11]

　　飞秒激光双光子聚合技术还可用于多种微转子和微齿轮系统的制备。匈牙利科学院 Galajda 等[10]利用飞秒激光双光子聚合技术，制备了尺寸为微米量级的转子系统，表明双光子聚合技术为制造微米级的复杂机械结构提供了有力的工具。2004 年，中国科学技术大学袁大军等[23]利用双光子聚合技术在两种黏滞系数不同的负性光刻胶材料上制作出了纳米级齿轮轴系统，通过移动碳纤维来推动齿轮绕轴转动。青岛理工大学 Sun[21]用飞秒激光双光子聚合技术制备了多种微齿轮，如图 6.12 所示。

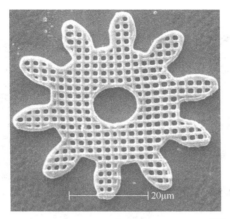

図 6.12　双光子聚合技术加工的微齿轮[21]

2. 微光学元件

随着信息化时代的到来，在光纤通信、信息处理、光计算等领域要求光学器件向小型化和微型化发展。近年来国内外学者利用飞秒激光双光子聚合技术，制备了包括折射型光学元件、衍射型光学元件、微腔元件和光子晶体等在内的多种类型微光学元件。

（1）折射型光学元件。折射型光学元件最常见的是各种透镜。2015 年，吉林大学 Xu 等[24]制备了凹凸微透镜，这种透镜具有高曲率特性，可以明显改善光学性能，如图 6.13 所示。该课题组的 Lu 等制备了聚二甲基硅氧烷（PDMS）微透镜，可以用于微流控芯片和光流控芯片领域。

（2）衍射型光学元件。衍射型光学元件常见的是菲涅尔透镜和光栅。吉林大学孙洪波课题组分别在 SU-8 树脂材料和聚二甲基硅氧烷材料上制备了菲涅尔透镜。该课题组在 SU-8 负性光刻胶材料[25]中加工出多种分束形态的达曼光栅，如图 6.14 所示。加利福尼亚大学 Xiao 等[26]采用 IP-Dip 光刻胶，在载玻片表面制备出了复杂的二光栅结构。

（3）微腔元件。2015 年，孙洪波课题组在 SU-8 材料中制备了光子分子微盘，可以输出单波长激光。2016 年，他们在微流控通道中制备出一个微透镜[27]，形成了光流控通道。

（4）光子晶体。1999 年，孙洪波等首次用双光子聚合技术制备了由 20 层不同周期堆栈结构组成的三维光子晶体[28]。德国汉诺威激光中心在不同树脂材料上制备了光子晶体，如图 6.15 所示。利用双光子聚合技术还可实现不同结构的光子晶体制备，如堆栈型、立方体型、金刚石晶格型、螺旋型等光子晶体。

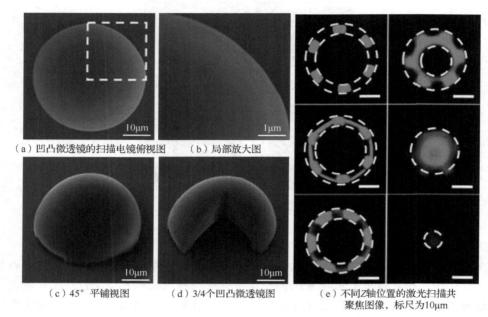

（a）凹凸微透镜的扫描电镜俯视图　　（b）局部放大图

（c）45°平铺视图　　（d）3/4个凹凸微透镜图　　（e）不同Z轴位置的激光扫描共聚焦图像，标尺为10μm

图 6.13　凹凸微透镜的扫描电镜照片和激光共聚焦显微镜照片[24]

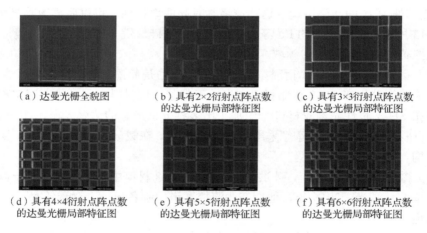

（a）达曼光栅全貌图　　（b）具有2×2衍射点阵点数的达曼光栅局部特征图　　（c）具有3×3衍射点阵点数的达曼光栅局部特征图

（d）具有4×4衍射点阵点数的达曼光栅局部特征图　　（e）具有5×5衍射点阵点数的达曼光栅局部特征图　　（f）具有6×6衍射点阵点数的达曼光栅局部特征图

图 6.14　在 SU-8 负性光刻胶材料制备的达曼光栅电镜照片[25]

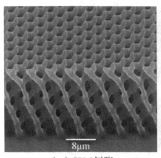
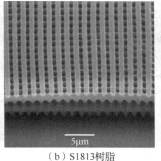

（a）SU-8树脂　　　　　　（b）S1813树脂　　　　　　（c）Ormocers树脂

图 6.15　采用双光子聚合技术在不同树脂材料上制备的光子晶体[7]

3. 微流体器件

飞秒激光双光子聚合可实现在微流体器件中所需要的复杂小型三维结构的加工，如可以实现高效混合的微混合器、用来引导液体分流的天桥结构、用于粒子过滤的过滤器。2009 年，孙洪波课题组首次实现了三维微流控系统和微单向阀的制备，可用作微流控芯片[29]，如图 6.16 和图 6.17 所示。

（a）微流控系统的SEM图　　（b）带有6个2μm过滤孔的微流控系统结构图

（c）微流控系统俯视图　　　　（d）微流控系统俯视图局部放大图

图 6.16　利用 SU-8 材料制备的微流控系统结构图[29]

2012 年，He 等[30]在玻璃微管道中制备了可以操作液体流向的微天桥结构。2014年，Wu 等[31]在玻璃微管道中集成了三维光刻胶微结构，该结构可以实现对粒子的过滤。2018 年，Xu 等[32]结合流体控制技术，在目标粒子周围，通过实时制备微柱阵列捕捉需要的粒子或者细胞，允许非目标颗粒自由流动到管道出口。

（a）微流体通道和可移动微阀的俯视图

（b）微阀的45°视图

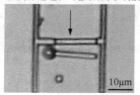
（c）在不同水流方向下的"开"状态

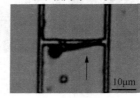
（d）在不同水流方向下的"关"状态

图 6.17　微单向阀三维结构图[28]

4. 生物医疗和组织工程

双光子聚合技术在生物医疗上最典型的应用就是将医药元件微型化，图 6.18（a）中的微型针头可以用来透皮给药。在组织工程中，利用双光子聚合技术制备微纳级三维结构水凝胶，将水凝胶生物支架植入病变的器官部位或者组织内，通过和细胞相互作用，修复创伤，形成新的组织和器官。

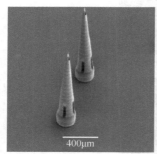
（a）用于透皮给药的微型针头

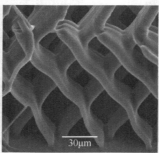
（b）在Ormocers材料上用于细胞生长试验的支架结构

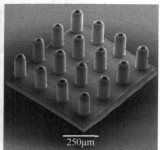
（c）在Ormocers材料上用于细胞生长试验的独立积木式结构

图 6.18　双光子聚合技术在生物医疗和组织工程中的应用[7]

6.3　其他激光微纳增材制造技术

6.3.1　选择性激光烧结

选择性激光烧结（SLS）是采用分层制造的思想，利用激光能量逐层烧结选区轮廓，最后获得所需零件的一种微纳制造技术。

选择性激光烧结系统如图 6.19 所示，主要包括激光系统、铺粉系统、控制系统和机械运动系统。烧结制件时，首先需要建立所要制备零件的三维 CAD 模型，利用切片软件制作得到层状轮廓信息，导入控制系统。随后打开加热装置对粉末进行预加热，然后根据建立的层状轮廓信息，用激光扫描预热好的粉末，扫描区域的粉末吸收激光能量熔化后并黏结在一起，形成该层的轮廓，而未被烧结的粉末留下来起支撑作用。当一层的粉末烧结完成后，工作平台下降一层，铺粉辊在平台上重新进行铺粉，继续进行新一轮的扫描烧结。重复进行以上工作，最终制造出所需要的零件。通过选择不同种类的烧结粉末，可以制作出塑料、陶瓷、金属等材质的制品。

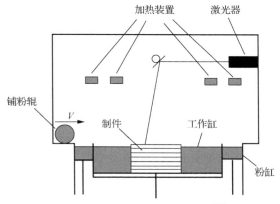

图 6.19　选择性激光烧结系统[33]

目前 SLS 技术可分为直接 SLS 技术和间接 SLS 技术。直接 SLS 技术采用激光直接熔化材料粉末，通过冷却固化获得所要制备的零件。而间接 SLS 技术是采用低熔点或高分子有机物材料为黏结剂，通过激光扫描熔化黏结剂材料并将高熔点结构粉末黏结起来的一种方法，常用来制备陶瓷这类结构材料熔点很高的零件。

针对选择性激光烧结技术，美国 3D Systems 公司对 SLS 系统、材料和工艺方法有着深入的研究，并且开发了多款用于塑料材料的激光烧结 3D 打印机，其生产的SPro140 能够生产最大尺寸为 550mm 的零件，最大体型可达 550mm×550mm×469mm。Stratasys 公司研发的 ABS、PC 等 SLS 材料得到了广泛的应用。德国 EOS 公司生产的 EOSP395 加工系统能够以更低的成本制备出产量更高的金属和塑料制件，激光扫描速度可达 6m/s。北京隆源自动成型系统有限公司生产的 AFS 系列产品的生产过程实现了数字化、柔性化和低成本化。华中科技大学研发的 HRPS 系统采用振镜扫描方式，并配有实时跟踪系统，使成型速度更快、精度更高。

　　在零件制备的过程中，SLS 制件性能会受很多因素的影响，胡勇等[34]发现机器误差、模型误差以及加工工艺误差都会导致制件的误差，影响成型精度，并提出了从平面误差和高度误差两方面提高制件精度的方法。吴传保等[35]研究发现烧结过程中不均匀加热会导致翘曲现象的发生，且翘曲会随着加工过程的进行逐渐变小，为实际加工提供了参考。李宁和王高潮[36]研究了激光功率、扫描速度等工艺参数对制件的影响，并得到了高质量、高精度的工艺优化参数。Gibson 等[37]研究了材料性能、工艺参数和零件的力学性能之间的关系，发现选用的激光能量和粉床温度取决于材料的熔点，而且表面质量与力学性能不能同时达到最好，通过参数调节使二者平衡并获得了一个最优的零件。Jain 等[38]研究了延时对零件强度的影响，为了提高零件的制造精度，开发了一种能够判断最优零件制造方向的算法。在烧结进行的过程中，激光能量在烧结层中的传导如图 6.20 所示[39]，随着激光扫描的进行，激光能量会随着粉末深度的增加而衰减，为了使烧结粉末的熔化程度尽可能地高，烧结层的厚度要略小于激光的穿透深度。激光会被材料表面反射掉一部分，同时烧结温度与环境温度之间的温差会损失部分激光能量，这便对激光能量的选择有很高的要求。美国德克萨斯大学 Nelson 等[40]通过对粉末材料激光点扫描式建立温度场平面模型，对热传导有了进一步的认识。华中科技大学白培康等[41]建立了树脂基复合材料温度场的仿真模型，通过模拟结果便可预测烧结深度和成型件的质量。通过建立热力学模型可以更好地了解烧结过程中的能量传递，为实际加工提供理论指导。

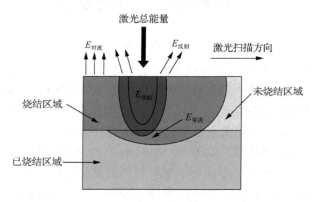

图 6.20　激光能量在烧结层中的传导示意图[39]

　　随着近些年 SLS 技术研究的不断进行与发展，该技术越发成熟，但是由于粉末颗粒的限制，很难制备出尺寸小于 500μm 的微结构，想要进行更高精度的制件，需要更细的粉末颗粒。2003 年，在选择性激光烧结技术的基础上，德国米特韦达应用科技大学联合激光研究所共同开发了微激光烧结系统，该系统制造出的陶瓷和金属微结构的最大分辨率达到 30μm，最小表面粗糙度为 1.5μm[42]。相比于传统 SLS 工艺，微激光烧结技术激光焦点直径已经达到 30μm，所使用的金属粉末颗粒直径已小于 5μm，并且单层打印厚度小于 5μm，结构分辨率和粗糙度都提高了一个数量级。

目前，在对微激光烧结的研究中，德国处于世界领先水平。利用微激光烧结技术制作复杂三维零件是国际增材制造学术界和产业界一个研究热点，代表着微纳激光增材制造一个非常重要的方向和趋势。

6.3.2　微立体光刻

微立体光刻技术是以传统立体光固化为基础的新型光刻技术。立体光固化技术以光敏树脂为原料，通过计算机控制激光逐点扫描树脂，扫描区域发生固化反应形成固化薄膜，在完成一层扫描后，工作台会下降一定高度，接着进行下一层的扫描，如此反复进行，逐层累积，最后得到所需要的三维结构。

相比于传统立体光固化技术，微立体光刻技术所采用的激光光斑已经缩小到几微米，而每层发生固化的厚度达到 1～10μm，成型精度得到很大的提高。微立体光刻技术可分为线扫描微立体光刻技术和面投影微立体光刻技术。如图 6.21（a）所示，线扫描微立体光刻技术的原理与传统立体光固化相似，采用激光进行扫描进而固化成型。如图 6.21（b）所示，面投影微立体光刻是使激光通过动态掩模上的图形后一次性曝光整个层面，该方法极大提高了加工效率，在微尺寸物体的制造上拥有广阔的前景。特别是 Tumbleston 等[43]在 Science 上发表的 CLIP 技术，利用氧气对有机物的阻碍作用，极大地提高了成型速率。动态掩模是面投影微立体光刻技术的核心部件，Bertsch 等[44]首次采用液晶显示屏作为动态掩模，但是液晶显示屏本身的特性使得微立体光刻的性能和分辨率的提高受到了很大的限制。随着研究的不断进行，已经开发出数字微反射镜和空间光调制等多种动态掩模技术。

微立体光刻目前的成型材料以丙烯酸酯和环氧树脂体系的光敏树脂为主。光敏树脂由预聚物（低聚物）、活性稀释剂、光引发剂和添加剂等组成，各组成部分的性质影响着固化物的性能。预聚物是光敏树脂的主要组成部分，主要是分子量较低并且能够进行光固化反应的化学基团。活性稀释剂通过稀释预聚物来降低系统的黏度，影响着光固化的速率和固化后零件的性能。光引发剂在被激光辐射后能够生成引发聚合反应能力的活性中间体，决定了光固化反应的速率。光敏树脂中的添加剂主要包括颜料和染料、填料、助剂等。颜料和染料可以使固化后的树脂拥有不同的颜色，同时可以提高固化后树脂的强度，增强耐候性、耐磨性、耐光性等性能。由于对制件的要求，光敏树脂应具有固化灵敏度高、固化体积收缩率低、黏度低、贮藏稳定性高等特性。

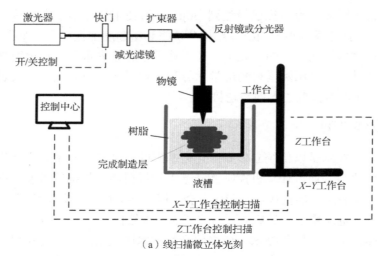

（a）线扫描微立体光刻

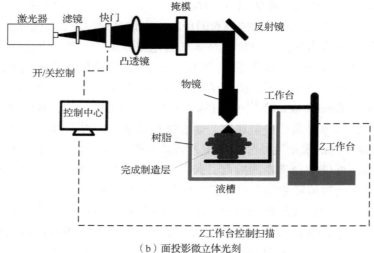

（b）面投影微立体光刻

图 6.21　微立体光刻原理示意图

　　光敏树脂的性能决定了制件的性能和质量，是光固化技术的核心。微立体光刻技术所制备部件最受关注的性能是强度和韧性，光敏树脂的性质决定了制件的精度和制备效率。普通光敏树脂的固化物较脆，性能较差，这就大大限制了该技术的推广和应用，目前提高树脂的力学性能主要采用改进配方、设计树脂配方组分化学结构和添加无机填料等方式，其中添加纤维填料、高分子填料、金属颗粒和无机纳米粒子等无机填料最为简单方便。在对光敏树脂添加无机物的研究中，Gurr 等[45]通过添加纳米二氧化硅制备出了纳米复合丙烯酸树脂，制备出的部件韧性和高度以及精度都得到了明显的提高。Kumar 等[46]在光敏树脂中添加纳米微晶纤维素，有效地提高了固化物的抗拉强度。郁文汉和胡刚华[47]利用丙烯酸环氧树脂和不饱和聚酯树脂等材料合成了一种高性能的新型树脂，提高了固化的制件强度。目前光敏树脂的研发正朝着高精度和高速成型、功能化、无毒害、无环境污染的趋势发展。

随着社会需求的不断提高，单纯的树脂制得的产品力学、物理和化学性能有限。今后的研究热点将会集中于开发新型复合材料，目前研究较多的是陶瓷粉体与光敏树脂材料的复合，Choi 等[48]开发出了可加工多种材料的微立体光刻系统，打破了之前加工材料单一的限制，使得微立体光刻技术在组织工程、生物医疗、微光学器件、微机电系统等领域得到了广泛的应用。Zhang 等[49]利用微立体光刻技术制备出直径为 400μm 的陶瓷微齿轮。Adake 等[50]提出了一种可以避免陶瓷零件烧结过程出现裂纹的约束表面质量技术，很好地提高了陶瓷制品的质量，而且利用微立体光刻技术制备复杂形状的压电陶瓷构件，拥有更好的力学和电学性能。同时维也纳 LITHOZ 公司开发出分辨率达到 40μm 的工业级陶瓷 3D 打印机，推动了陶瓷微结构的工业化应用。

相比于其他快速成型技术，微立体光刻技术材料选用范围小，而且成型产品的性能有限，为了满足现代行业发展的需求，未来微立体光刻技术加工材料的研究方向主要集中在开发固化速率高、收缩变形小的光固化材料；发展导电、导磁、阻燃、耐高温等功能性材料，以满足不同行业的需求；现阶段微立体光刻技术采用的激光多为紫外激光，未来也会采用可见波段的激光。

6.3.3　激光化学气相沉积

激光化学气相沉积（laser chemical vapor deposition，LCVD）是在传统热化学气相沉积的基础上，以激光作为热源，使反应气体在激光诱导作用下分解产生固态产物并沉积的先进增材制造技术。与传统热化学气相沉积（CVD）相比，激光化学气相沉积技术采用高能量密度的激光作为诱导因素，反应过程加热速度更快，沉积物质的生产速度和表面形态能够控制得更加准确，加工精度更高。

激光化学气相沉积反应的过程如图 6.22 所示，具体可分为以下步骤：①参加反应的源气体向沉积区输送；②反应物由沉积区主气流向生长表面转移；③反应物分子被表面吸附；④吸附物在表面发生化学反应；⑤副产物分子从表面解吸；⑥副产物气体分子由表面向气流空间扩散；⑦未反应的分子和副产物分子离开沉积区，排出反应室。在沉积的过程中，激光对基体进行加热达到源气体的温度，从而实现薄膜沉积。如图 6.23 所示，传统热化学气相沉积反应空间与气流空间的扩散是一维的，而 LCVD 是三维的，所以 LCVD 的反应效率更高。提高温度能够加快反应的进行，因此要求基体对激光有较强的吸收率。

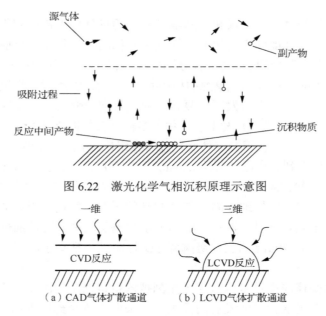

图 6.22　激光化学气相沉积原理示意图

（a）CAD气体扩散通道　　　　　（b）LCVD气体扩散通道

图 6.23　化学气相沉积气体扩散通道比较

　　激光化学气相沉积的原理可分为光热解离原理和光化学解离原理。光热解离原理利用激光对基体局部区域进行加热，当加热温度达到沉积温度后发生沉积反应并生成沉积物；而光化学解离原理则利用激光辐射直接激发气体分子反应分解进而发生沉积。当选用的基体对所用的激光吸收率很低的时候，基体无法吸收能量，沉积反应就无法进行，这时可以采用紫外光或者深紫外光直接辐射作用源气体分子，分子化学键就会吸收能量发生断裂，并发生单光子或多光子解离，促进反应的进行。因此当基体为透明材料时，多采用光化学解离原理进行加工制造。

　　自 1972 年，Nelson 和 Rechardson 首次采用化学气相沉积的方法使用 CO_2 激光沉积出碳膜后，国内外对于 LCVD 技术不断地进行探索和研究。凤雷和郑韬[51]在传统的激光化学气相沉积反应装置的基础上，引入"双光束激励"的新方法，利用正交紫外光束激励分解提高气相中 N/Si 比，减少产物中游离硅的浓度，制备出高纯度的非晶纳米粉体，并得出制备的原理和经验公式。王豫[52]用波长为 $10.6\mu m$ 的 CO_2 连续激光在 H_2、N_2、$TiCl_4$ 反应系统中，在 W18Cr4V 高速钢基体表面沉积出厚度为 $8\mu m$ 的 TiN 薄膜。温宗胤等[53]采用氩离子激光制备微碳柱，探讨了激光功率、气体压力对碳柱直径和生长长度的影响。1996 年，王卫乡等[54]通过实验获得了小至 6nm 的非晶与微晶相混合的纳米硅粉和大至 300nm 的晶态硅粉，并且通过调节工艺参数制备不同粒度的硅粉。侯占杰等[55]采用 YAG 固体激光器，以 $Fe(CO)_5$ 为液相前驱体，利用一定厚度的石英片减少副产物，沉积出表面平整、尺寸精确、沉积区域具有可选择性的 Fe 膜。吴慰等[56]采用激光化学气相沉积技术在 Al_2O_3 基体上制备出了

$YBa_2Cu_3O_{7-\delta}$ 超导薄膜，研究了前驱体蒸发温度和薄膜退火温度对薄膜电学性能的影响。Park 等[57]采用激光化学气相沉积技术制备了石墨烯。张伟等[58]利用激光化学气相沉积技术沉积钨薄膜修复 TFL-LCD 电路缺陷，系统地研究了激光参数对基体损伤的影响。

　　激光化学气相沉积过程利用激光的激发作用使源气体分子反应，沉积速率快；仅在激光照射区域发生沉积，微区局部高温，杂质含量少，基体热形变小；结合力高；利用物质对光吸收的选择性，通过改变激光波长、反应气体种类等方法就可实现多种薄膜的沉积，这使得激光化学气相沉积技术在半导体、金属、电解质薄膜制作以及微透镜及光学元器件等领域得到了广泛的应用。

参 考 文 献

[1] 卢秉恒, 李涤尘. 增材制造（3D 打印）技术发展[J]. 机械制造与自动化, 2013（4）: 7-10.

[2] REGENFUSS P, STREEK A, HARTWIG L, et al. Principles of laser micro sintering[J]. Rapid Prototyping Journal, 2007, 13（4）: 204-212.

[3] 孙树峰, 王萍萍. 飞秒激光双光子聚合加工微纳结构[J]. 红外与激光工程, 2018, 47（12）: 64-68.

[4] MARUO S, NAKAMURA O, KAWATA S. Three-dimensional microfabrication with two-photon absorbed photopolymerization[J]. Optics Letters, 1997, 22（2）: 132-134.

[5] SUN H B, KAWATAS. Two-photon laser precision microfabrication and its applications to micro-nano devices and systems[J]. Journal of Lightwave Technology, 2003, 21（3）: 624-633.

[6] MALINAUSKAS M, PURLYS V, RUTKAUSKAS M, et al. Two-photon polymerization for fabrication of three-dimensional micro- and nanostructures over a large area[J]. Proceedings of SPIE, 2009, 7204（1）: 1-11.

[7] OSTENDORF A,CHICHKOV B N. Two-photon polymerization: A new approach to micromachining[J]. Photonics Spectra, 2006, 40（10）: 72-80.

[8] GARRETT WKC, KAISER W. Two-photon excitation in $CaF_2:Eu^{2+}$[J]. Physical Review Letters, 1961, 7: 229-231.

[9] CUMPSTON B H, ANANTHAVEL S P, BARLOW S, et al. Two-photon polymerization initiators for three-dimensional optical data storage and microfabrication[J]. Nature, 1999, 398（6722）: 51-54.

[10] GALAJDA P, ORMOS P. Complex micromachines produced and driven by light[J]. Applied Physics Letters, 2001, 78（2）: 249-251.

[11] MIWA M, JUODKAZIS S, KAWAKAMI T, et al. Femtosecond two-photon stereo-lithography[J]. Applied Physics A, 2001, 73（5）: 561-566.

[12] TAKADA K, SUN H B, KAWATA S. Improved spatial resolution and surface roughness in photopolymerization-based laser nanowriting[J]. Applied Physics Letters, 2005, 86（7）: 071122.

[13] XING J F, DONG X Z, CHEN W Q, et al. Improving spatial resolution of two-photon microfabrication by using photoinitiator with high initiating efficiency[J]. Applied Physics Letters, 2007, 90（13）: 131106.

[14] JUODKAZIS S, MIZEIKIS V, SEET K K, et al. Two-photon lithography of nanorods in SU-8 photoresist[J]. Nanotechnology, 2005, 16（6）: 846-849.

[15] TAN D F, LI Y, QI F J, et al. Reduction in feature size of two-photon polymerization using SCR500[J]. Applied Physics Letters, 2007, 90（7）: 071106.

[16] LI L, GATTASS R R, GERSHGOREN E, et al. Achieving $\lambda/20$ resolution by one-color initiation and deactivation of polymerization[J]. Science, 2009, 324（5929）: 910-913.

[17] GAN Z S, CAO Y Y, EVANS R A, et al. Three-dimensional deep sub-diffraction optical beam lithography with 9nm feature size[J]. Nature Communications, 2013, 4（6）: 2061.

[18] THIEL M, FISCHER J, VON FREYMANN G, et al. Direct laser writing of three-dimensional submicron structures using a continuous-wave laser at 532 nm[J]. Applied Physics Letters, 2010, 97（22）: 221102.

[19] 蒋中伟, 袁大军, 祝安定, 等. 双光子三维微细加工技术及实验系统的开发[J]. 光学精密工程, 2003, 11（3）: 234-238.

[20] 刘立鹏, 周明, 戴起勋, 等. 飞秒激光三维微细加工技术[J]. 光电工程, 2005, 32（4）: 93-96.

[21] SUN S F. Fabrication technology of involute micro gear based on two-photon of femtosecond laser[J]. Applied Mechanics and Materials, 2010, 44-47: 670-674.

[22] XIA H, WANG J, TIAN Y, et al. Ferrofluids for fabrication of remotely controllable micro-nanomachines by two-photon polymerization[J]. Advanced Materials, 2010, 22（29）: 3204-3207.

[23] 袁大军, 蒋中伟, 郭锐, 等. 飞秒激光双光子复杂结构的微细加工[J]. 微细加工技术, 2004（2）: 27-30, 36.

[24] XU J J, YAO W G, TIAN Z N, et al. High curvature concave–convex microlens[J]. IEEE Photonics Technology Letters, 2015, 27（23）: 2465-2468.

[25] CHEN Q D, LIN X F, NIU L G, et al. Dammann gratings as integratable micro-optical elements created by laser micronanofabrication via two-photon photopolymerization[J]. Optics Letters, 2008, 33（21）: 2559-2561.

[26] XIAO T P, CIFCI O S, BHARGAVA S, et al. Diffractive spectral-splitting optical element designed by adjoint-based electromagnetic optimization and fabricated by femtosecond 3D direct laser writing[J]. ACS Photonics, 2016,3（5）: 886-894.

[27] LV C, XIA H, GUAN W, et al. Integrated optofluidic-microfluidic twin channels: toward diverse application of lab-on-a-chip systems[J]. Scientific Reports, 2016, 6: 19801.

[28] SUN H B, MATSUO S, MISAWA H. Three-dimensional photonic crystal structures achieved with two-photon-absorption photopolymerization of resin[J]. Applied Physics Letters, 1999, 74（6）: 786-788.

[29] WU D, CHEN Q D, NIU L G, et al. Femtosecond laser rapid prototyping of nanoshells and suspending components towards microfluidic devices[J]. Lab on a Chip, 2009, 9（16）: 2391-2394.

[30] HE Y, HUANG B L, LU D X, et al. "Overpass" at the junction of a crossed microchannel: An enabler for 3D microfluidic chips[J]. Lab on a Chip, 2012, 12（20）: 3866-3869.

[31] WU D, WU S Z, XU J, et al. Hybrid femtosecond laser microfabrication to achieve true 3D glass/polymer composite biochips with multiscale features and high performance: The concept of ship-in-a-bottle biochip[J]. Laser & Photonics Reviews, 2014, 8（3）: 458-467.

[32] XU B, SHI Y, LAO Z X, et al. Real-time two-photon-lithography in controlled flow to create a single-microparticle-array and particle-cluster-array for optofluidic imaging[J]. Lab on a Chip, 2018, 18（3）: 442-450.

[33] 杨世涛. 基于 PS 粉末的选择性激光烧结成形预热温度场数值分析和成形工艺研究[D]. 重庆: 重庆大学, 2018.

[34] 胡勇, 王从军, 韩明, 等. 基于计算机视觉的三维激光扫描测量系统[J]. 华中科技大学学报（自然科学版）, 2004, 32（1）: 16-18.

[35] 吴传保, 刘承美, 史玉升, 等. 高分子材料选区激光烧结翘曲的研究[J]. 华中科技大学学报（自然科学版）, 2002, 30（8）: 107-109.

[36] 李宁, 王高潮. SLS 烧结参数对快速成型制件精度与强度的影响[J]. 模具制造, 2004（10）: 51-54.

[37] GIBSON I, SHI D P. Material properties and fabrication parameters in selective laser sintering process[J]. Rapid Prototyping Journal, 1997, 3（4）: 129-136.

[38] JAIN P K, PANDEY P M, RAO P. Effect of delay time on part strength in selective laser sintering[J]. The International Journal of Advanced Manufacturing Technology, 2009, 43（1-2）: 117-126.

[39] 王勃. 聚苯乙烯粉末的选择性激光烧结成型工艺参数预测[D]. 西安: 西安科技大学, 2019.

[40] NELSON J C, XUE S, BARLOW J W, et al. Model of the selective laser sintering of bisphenol-A polycarbonate[J]. Industrial & Engineering Chemistry Research, 1993, 32（10）: 2305-2317.

[41] 白培康, 黄树槐, 程军. 树脂基复合成型材料激光烧结过程温度场数值模拟[J]. 应用基础与工程科学学报, 2002（1）: 68-72.

[42] EBERT R, REGENFUSS P, KLTZER S, et al. Process assembly for μm-scale SLS, reaction sintering, and CVD[J]. Proceedings of SPIE, 2003, 5063: 183-188.

[43] TUMBLESTON J R, SHIRVANYANTS D, ERMOSHKIN N, et al. Continuous liquid interface production of 3D objects[J]. Science, 2015, 347（6228）: 1349-1352.

[44] BERTSCH A, ZISSI S, JÉZÉQUELJ Y, et al. Microstereophotolithography using a liquid crystal display as dynamic mask-generator[J]. Microsystem Technologies, 1997, 3（2）: 42-47.

[45] GURR M, THOMANN Y, NEDELCU M, et al. Novel acrylic nanocomposites containing in-situ formed calcium phosphate/layered silicate hybrid nanoparticles for photochemical rapid prototyping, rapid tooling and rapid manufacturing processes[J]. Polymer, 2010, 51（22）: 5058-5070.

[46] KUMAR S, HOFMANN M, STEINMANN B D, et al. Reinforcement of stereolithographic resins for rapid prototyping with cellulose nanocrystals[J]. ACS Applied Materials & Interfaces, 2012, 4（10）: 5399-5407.

[47] 郁文汉, 胡刚华. 用于三维成型光固化树脂的制备[J]. 粘接, 2013（2）: 56-58.

[48] CHOI J, MACDONALD E, WICKER R B. Multi-material microstereolithography[J]. International Journal of Advanced Manufacturing Technology, 2010, 49（5-8）: 543-551.

[49] ZHANG X, JIANG X N, SUN C. Micro-stereolithography of polymeric and ceramic microstructures[J]. Sensors & Actuators A, 1999, 77（2）: 149-156.

[50] ADAKE C V, GANDHI P S, BHARGAVA P. Fabrication of ceramic component using constrained surface microstereolithography[J]. Procedia Materials Science, 2014, 5: 355-361.

[51] 凤雷, 郑韬. 激光诱导化学气相沉积法制备 a-Si$_3$N$_4$ 纳米粒子研究[J]. 中国粉体技术, 1999（3）: 33-35.

[52] 王豫. 激光化学气相沉积（LCVD）制取 TiN 薄膜[J]. 热处理, 2004, 19（2）: 33-36.

[53] 温宗胤, 李宝灵, 周健. 通过激光诱导化学气相沉积来制造微碳柱的研究[J]. 矿冶工程, 2006（4）: 82-85.

[54] 王卫乡, 刘颂豪, 李道火, 等. 激光诱导化学气相沉积纳米硅的红外光谱[J]. 量子电子学报, 1996（1）: 67-73.

[55] 侯占杰, 唐星, 罗穆伟, 等. 激光诱导化学液相沉积 Fe 膜的研究[J]. 激光技术, 2016, 40（1）: 136-140.

[56] 吴慰, 张琼, 苏轼, 等. 激光化学气相沉积法制备 YBa$_2$Cu$_3$O$_{7-\delta}$ 超导薄膜[J]. 武汉工程大学学报, 2018, 40（5）: 46-55.

[57] PARK J, XIONG W, GAO Y, et al. Fast growth of graphene patterns by laser direct writing[J]. Applied Physics Letters, 2011, 98（12）: 123109.

[58] 张伟, 陈小英, 马永生, 等. 激光化学气相沉积法在 TFT-LCD 电路缺陷维修中的应用[J]. 液晶与显示, 2019, 34(8): 755-763.

第 7 章　激光微纳并行制造技术

激光并行制造（parallel manufacturing）是指在同一时刻或同一工位内完成两种或两种以上性质相同或不同激光的加工制造技术，是提高激光微纳制造效率的有效方法。本章将主要介绍激光微纳并行制造技术的理论基础及方法，重点介绍全息技术的理论和技术方法，最后列举激光并行技术在工业上的主要应用。

7.1　概　　述

7.1.1　激光并行制造技术特点

激光微纳制造技术的快速发展解决了零件的加工尺寸和精度难题，但对激光加工的效率和工业化应用提出了新的挑战。飞秒激光加工具有热影响区小、加工精度高等优势[1]。但是在工业应用中，激光脉冲能量一般在毫焦级，而材料微纳加工仅需要微焦级的激光脉冲能量，因此在加工过程中造成了极大的能量浪费，也会出现过烧蚀现象。此外，生产应用中通常需要加工大量的结构阵列，传统的飞秒激光采用逐点扫描加工，加工时间过长、加工效率过低，制约了飞秒激光在精密加工领域的发展及应用。经过科学工作者的不断探索研究，目前主要有两种方法可以解决上述问题：一种是提高飞秒激光扫描速度，可以通过高速光开关装置和高速扫描装置提高激光的重复率来实现；另一种是基于多光束干涉和衍射原理的并行制造技术，该技术是指在激光加工制造过程中，将一束毫焦级脉冲激光分成许多微焦级脉冲激光，在提高加工效率的同时，避免了能量过高造成的过烧蚀现象，是一种高效可行的微纳并行制造技术[2]。

7.1.2　激光并行制造技术发展现状

激光并行制造技术主要通过激光的分束来实现，研究证明使用多光束可以有效提高激光加工质量和效率。目前，多激光器法、干涉法、微透镜阵列法、衍射光学元件法、空间光调制器（spatial light modulator，SLM）法等是产生多光束的主要方法。Kondo 等[3]提出了一种制作微周期结构的简单光学干涉方法，利用该方法制备了微米级的一维、二维和三维周期性微结构。Matsuo 等[4]采用微透镜阵列（MLA）进行飞秒激光微芯片制作，在玻璃表面烧蚀记录了与 MLA 中透镜排列相对应的二维周期模式。Kuroiwa 等[5]利用多级相位型衍射光学元件和聚焦物镜，提出了将飞秒脉冲调制成任意微图形的方法，在 SiO$_2$ 玻璃表面和玻璃内部精确地形成了分布均匀的显微结构。上述方法实现了多光束加工，但在光束的灵活控制、精确调制方面仍有不足[6]。

SLM 具有灵活性好、操作方便的优点，得到了广大研究人员的青睐。通过在 SLM 上加载设计好的计算全息图（computer generated holograms，CGH），灵活控制光束分布，可实现激光多焦点的并行加工[7]。2005 年，Hayasaki 等[8]提出将 SLM 加入激光加工系统，实现了加工图案的灵活可变。2008 年，Kuang 等[9]利用空间光调制器对衍射多光束图案进行实时调制，实现了高效的飞秒激光并行加工；之后又研究了多光束同步扫描技术，对材料进行表面烧蚀，实现了柔性且高效的并行加工[10]。2010 年，Jesacher 和 Booth[7]提出了一种在三维并行直写激光应用中减小像差的全息图设计方法，在保持平行度的同时，降低全息图的衍射功率，还可减少由色差引起的焦点变形，并应用在金刚石、熔融石英和铌酸锂的加工中。2011 年，Hasegawa 和 Hayasaki[11]进一步提出一种基于二次谐波产生计算全息图的优化方法，该方法将脉冲的宽度和空间分布引入全息图的设计，实现了高质量的激光并行加工；并使用空间光调制器设计了任意偏振分布的飞秒激光并行加工系统，避免了衍射光束间的相互干扰[12]。2015 年，Lu 等[13]实现了激光直写技术焦距的动态可调，并且完成了 PDMS 微透镜的加工。2016 年，Xu 等[14]提出多焦点飞秒激光扫描技术，首次将 3D 微器件快速集成到微芯片中，大幅度缩短了加工时间。Zhang 等[15]通过改进多光束的空间均一性，完成了微流体器件的快速集成加工，加工出的器件分辨率高、表面质量好。另外，他们还提出在液晶空间光调制器上加载多张全息图的面曝光方法，实现了微结构的高质量加工。空间光调制器的广泛应用使得激光并行加工灵活可控，在保证加工质量的同时提高了加工效率。

7.2　激光并行制造技术理论与方法

光波动性的标志是光的干涉和衍射。杨氏（Thomas Young）双缝试验证明了光的干涉，其后，菲涅耳（A. Fresnel）将惠更斯原理在干涉理论的基础上加以完善，发展成为惠更斯-菲涅耳原理，从而成功解释了光的衍射现象[16]。光的干涉和衍射技术在各行各业都有着广泛的应用，多光束干涉法和微透镜阵列也基于此原理得以实现。

7.2.1　激光干涉和衍射理论

1. 光的干涉

光的干涉现象是指在一定区域时间内形成的稳定的光强分布。光波服从叠加原理，在叠加区域内，一部分点的振动会减弱，另一部分点的振动则会增强。光的干涉现象只有在满足一定条件时，才能由两个或多个光波叠加产生。

如图 7.1 所示，振动方向夹角为 α 的两个矢量波 $\boldsymbol{E}_1$ 和 $\boldsymbol{E}_2$ 叠加，设

$$\boldsymbol{E}_1(r,t) = A_1 \exp[\mathbf{i}(k_1 \cdot r) - \omega_1 t + \delta_1] \tag{7.1}$$

$$\boldsymbol{E}_2(r,t) = A_2 \exp[\mathbf{i}(k_2 \cdot r) - \omega_2 t + \delta_2] \tag{7.2}$$

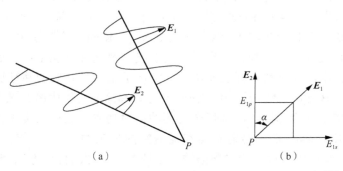

（a）　　　　　　　　　（b）

图 7.1　振动方向成 α 角的两列光波在 t 时刻到达 P 点的叠加[16]

按光波叠加原理，其合成矢量为

$$\boldsymbol{E}(r,t) = \boldsymbol{E}_1(r,t) + \boldsymbol{E}_2(r,t) \tag{7.3}$$

它的共轭点积的时间平均值为

$$I = \left\langle \boldsymbol{E} \cdot \boldsymbol{E}^* \right\rangle = \left\langle [\boldsymbol{E}_1(r,t) + \boldsymbol{E}_2(r,t)] \cdot [\boldsymbol{E}_1^*(r,t) + \boldsymbol{E}_2^*(r,t)] \right\rangle \tag{7.4}$$

式中，I 为该矢量场的强度。已知平面波可以直接用实振幅的平方表示光强，即 $I = A^2$。但是，在求解光场的光强分布时，通常并不预知相应的实振幅，需要通过光波的叠加来求光强，将式（7.4）进一步改写为

$$\begin{aligned} I &= \boldsymbol{E}_1 \cdot \boldsymbol{E}_1^* + \boldsymbol{E}_2 \cdot \boldsymbol{E}_2^* + \left\langle \mathrm{Re}\{2\boldsymbol{E}_1 \cdot \boldsymbol{E}_2^*\} \right\rangle \\ &= A_1^2 + A_2^2 + 2A_1 A_2 \cos\alpha \left\langle \cos[(k_1 - k_2) \cdot r + (\delta_1 - \delta_2) - (\omega_1 - \omega_2)t] \right\rangle \\ &= I_1 + I_2 + I_{12} \end{aligned} \tag{7.5}$$

式中，$\mathrm{Re}\{\ \}$ 表示取复数的实部；$I_1 = A_1^2$；$I_2 = A_2^2$；I_{12} 可以表示为

$$I_{12} = 2A_1 A_2 \cos\alpha \left\langle \cos[(k_1 - k_2) \cdot r + (\delta_1 - \delta_2) - (\omega_1 - \omega_2)t] \right\rangle$$

$$\psi = (k_1 - k_2) \cdot r + (\delta_1 - \delta_2) - (\omega_1 - \omega_2)t$$

$$I_{12} = 2A_1 A_2 \cos\alpha \left\langle \cos\psi \right\rangle = 2\sqrt{I_1 I_2} \cos\alpha \left\langle \cos\psi \right\rangle \tag{7.6}$$

根据式（7.6）可以得到光波的相干条件如下。

（1）频率相同：如果两光波的频率不相同，那么两光波频率引起的时间变化会

导致 I_{12} 等于零。

（2）振动方向相同：干涉项 I_{12} 与 A_1、A_2 的标量积有关。当 $A_1 \cdot A_2 = 0$，$I_{12} = 0$ 时，不产生光波的干涉，因为两光波的振动方向垂直。当 $I_{12} = 2A_1A_2\cos\delta$ 时，两光波振动方向相同，和标量波的叠加相似。当两光波振动方向有一定夹角 α 时，$I_{12} = 2A_1A_2\cos\alpha\cos\delta$。这时，相当于一个光波矢量在另一个光波矢量上的分量构成同向振动相干，与之垂直的分量则构成了干涉场的背景光，使干涉条纹的对比度降低。

（3）相位差恒定：在相位差的表达式中，要求 $\delta_1 - \delta_2$ 保持恒定，才可以保证稳定，在空间形成稳定的强度分布。若相位差不恒定，δ 在 $[0,2\pi]$ 随机变化，则无法形成光波的干涉。

综上所述，光波的干涉需要满足的条件是：频率相同、振动方向相同、相位差恒定[16]。

2. 光的衍射

1）光的衍射现象

如图 7.2 所示，将一中间有圆孔的不透明屏障放在光源与屏幕之间，会发现屏幕上投影边缘处有一些亮暗相间的条纹。物理学家索末菲（A. Sommerfeld）将这种"不能用反射或折射来解释的光线对直线光路造成的任何偏离"的现象定义为光的衍射。

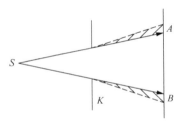

图 7.2　光的衍射现象[16]

最初，学者认为衍射现象是光波在传播过程中遇到障碍物，如狭缝、孔、屏等，使波面发生了破损。实际上，波面的任何变形或者光场复振幅的分布受到任何的调制，都将导致衍射现象。根据对应的相位调制发生衍射变化，光波的复振幅会重新分布，也就产生了一些亮暗相间的条纹。导致衍射发生的障碍物称为衍射屏，其特性用复振幅透射系数 $t(x_1, y_1)$ 表示

$$t\left(x_1, y_1\right) = A\left(x_1, y_1\right) \mathrm{e}^{\mathrm{i}\varphi\left(x_1, y_1\right)} \tag{7.7}$$

式中，$t(x_1, y_1)$ 为复值函数；$A(x_1, y_1)$ 为振幅；$\varphi(x_1, y_1)$ 为相位；(x_1, y_1) 为衍射屏上的空间坐标。

图 7.3 表示一个衍射系统的基本配置：光源、衍射屏、接收屏。设 $\widetilde{E}_0(x_1, y_1)$ 为照明光场透过衍射屏前的复振幅分布，$\widetilde{E}(x_1, y_1)$ 是刚刚透过衍射屏前的复振幅分布，而且满足

$$\widetilde{E}(x_1, y_1) = \widetilde{E}_0(x_1, y_1) t(x_1, y_1) \tag{7.8}$$

式（7.8）体现了衍射屏对照明光场在屏面上 $\widetilde{E}_0(x_1, y_1)$ 的分割、调制作用。被调制的光场 $\widetilde{E}(x_1, y_1)$ 发生衍射，在接收屏上得到新的复振幅分布 $\widetilde{E}(x, y)$ ，这个分布完全不同于 $\widetilde{E}(x_1, y_1)$ 。

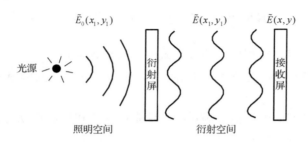

图 7.3　　衍射系统中的波前示意图

2）惠更斯-菲涅耳原理

惠更斯曾提出一种假设：球面波的次级扰动中心都可以看作波面上的一点，在后一个时刻的这些波的包络面就是此时的新波面。因为光波传播方向与波面的传播方向相同，通过惠更斯原理可以确定光波从一个时刻到另一个时刻的传播。在图 7.4 的衍射实验中，光源发出的球面波到达障碍物中间圆孔的边缘时，光波上只有 DD' 可以穿过圆孔，其余的部分都被不透明障碍物阻挡不能传播。根据惠更斯原理可知，穿过圆孔的波面上的点都可看作单独的次级扰动中心，这个扰动中心发出球面子波，并且这些子波的包络面决定圆孔后的新的波面。由此可知，新的波面不再沿原来的光波方向传播。

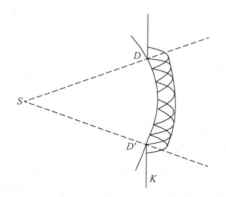

图 7.4　　光波通过圆孔的惠更斯作图法[16]

菲涅耳在光的干涉原理基础上，研究发现这些子波都来自同一个光源，每个子波之间应该都是相干的，因此波面上的光振动是这个波面所有子波相干叠加的结果。惠更斯-菲涅耳原理基于"子波相干叠加"思想诞生，使光的衍射现象得到了有效的解释[16]。

如图 7.5 所示，在空间中有一单色光源 S 和任意一点 P，考察 S 处的光振动是如何传播到 P 点的。在 S 和 P 之间任意选取一个波面，命名为 Σ'，将光源 S 对点 P 的作用用波面上每个子波对 P 的叠加结果代替，设波面 Σ' 上任一点 Q 产生的复

振幅为

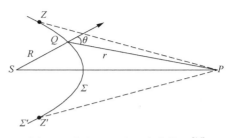

$$\widetilde{E}_Q = \frac{A}{P}\exp(ikR) \qquad (7.9)$$

式中，R 为波面 $\varSigma'$ 的半径；A 为离光源 S 单位距离处的振幅。

图 7.5　点光源 S 对 P 点的作用[16]

根据菲涅耳的假设，面单元 $\mathrm{d}\sigma$ 在 P 点产生的复振幅可以表示为

$$\mathrm{d}\widetilde{E}(P) = CK(\theta)\frac{A\exp(ikR)}{R}\frac{\exp(ikr)}{r}\mathrm{d}\sigma \qquad (7.10)$$

式中，C 为一常数；$K(\theta)$ 为倾斜因子，θ 称为衍射角；$r=QP$。在图 7.5 中，波面 $\varSigma'$ 在 ZZ' 范围内对 P 点的复振幅总和为

$$\widetilde{E}(P) = \frac{CA\exp(ikR)}{R}\iint_{\varSigma}\frac{\exp(ikr)}{r}K(\theta)\mathrm{d}\sigma \qquad (7.11)$$

式（7.11）是惠更斯-菲涅耳原理的数学表达式，用这个表达式可以很好地解释光的衍射现象，如孔的衍射问题等。从式（7.11）中可以发现，对 P 点起作用的不是整个单色光源的波面，而是穿过障碍物的波面 $\varSigma$，P 点的复振幅和强度就是由这部分波面上子波在 P 点的干涉决定的[16]。

7.2.2　并行制造技术方法及应用

1. 多光束干涉法

当多个光波相干叠加时，会出现多光束干涉现象。在激光微纳加工中，多光束干涉法利用多个相干光束进行组合，在干涉场内对各相干激光束进行光强的调制，产生多条干涉条纹[17]。超短激光脉冲的多光束干涉可以产生周期性的多光束图案，用于周期性结构的微加工[2]。图 7.6 是基于衍射分束器（diffractive beam splitter，DBS）多光束干涉的光路设计。DBS 是其中最重要的光学元件，它可以将一束光分成多束。最多可以分成九束光。DBS 与 L_1（消色差透镜）、L_2（物镜）共同决定了干涉光束的角度。一个单光束经过 DBS 被分为几个光束，经过 L_1 和设计好的孔径阵列（AA）产生的五束光（α、β、γ、δ、ε）经过 L_2 作用在加工物体表面。

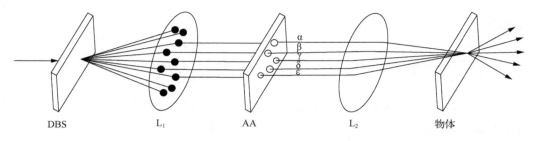

图 7.6　多光束干涉法进行并行加工的实验设计[3]

　　基于衍射分束器的多光束干涉法，可以加工出一维、二维、三维的周期结构。这种方法通过对光束的选择，可以灵活地控制光束的数量，具有设备简单、结构灵活等优点；缺点在于高斯分布的光束存在折射率变化不均匀的问题。

2. 微透镜阵列

　　用超短脉冲激光加工周期性结构，除了可以用多光束干涉法，还可以采用微透镜阵列。微透镜阵列是一组按一定规律排列在基片上的小透镜，这些小透镜的通光孔径及浮雕深度为微米级，不仅有聚焦、成像等传统透镜的功能，还具有集成度高、尺寸小的结构特点。微透镜阵列可以使一个激光束产生多个焦点，然后利用光学显微镜进行投射，对材料进行多焦点并行加工。微透镜阵列使飞秒激光的加工效率显著提高，同时提高了激光能量的利用率。一般情况下，微透镜阵列中小透镜排列规则，因此这种方法适合加工周期性结构，如光栅、光子晶体等。下面介绍一个用该方法加工二维光栅的实验设计[4]。

　　图 7.7 为设计的实验光路图，图中 L_1 是中继透镜，DM 是二向色镜，A 是产生多个焦点的平面，OL 是物镜，MLA 采用的是 APO-Q-P150-F10（Advanced Micro-optic Systems）呈正方形排列的微透镜，每个镜头的焦距为 10mm。通过调节 MLA 与 L_1 的距离，用光学显微镜将多焦点投射到样品表面[4]。

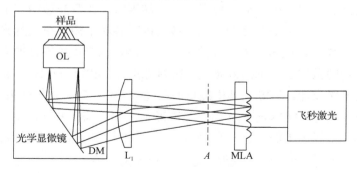

图 7.7　微透镜阵列实验光路图[4]

　　微透镜阵列是一种有效提高飞秒激光加工效率、提升激光能量利用率的方法，还适用于大面积复杂图形的加工。但微透镜阵列结构灵活性差，不能满足任意结构批量加工的需要，而且成本较高。

7.3　飞秒激光全息并行制造技术理论及方法

　　SLM 是一种能够对光波的空间分布进行调制的器件，在随时间、空间变化信号的控制下，可以改变光束的振幅、相位、偏振态等参数，可将飞秒激光聚焦产生多个焦点，实现多焦点同时加工[6]。激光束的数量和位置可以利用 CGH 进行灵活控制，实现灵活高效的精密加工[18]。因此 SLM 被广泛应用到许多领域，如时域脉冲整形[19]、全息光摄[20]、光束空间整形[1]和多光束并行加工[21]等。并行制造技术能够将加工效率提高一个数量级以上，显著缩短了加工时间，大大节省了加工成本[22]。

7.3.1　空间光调制器

1. 空间光调制器的分类与发展

　　光具备与电磁波相同的波特性，具有振幅、相位、波长等参量。空间光调制技术是指通过调制光波的某个参量（如振幅、相位、偏振等），从而将相关信息写入光波中，以此达到调制光波的目的[23]。在光的传播过程中，反射镜、微透镜等光学元件可以对光波的相位进行简单调制，复杂的调制则需要借用空间光调制器来实现。根据需要，空间光调制器可以将光束透过液晶进行调制，精确灵活地控制光束[24]。

　　空间光调制器由计算机控制，内部装有驱动像素的硅基体和带有透明电极的玻璃基体，中间放置液晶层。通过施加电压改变液晶的排列方向，当液晶倾斜时，透过液晶的光程发生改变，实现了对光束的调制。这些控制液晶排列的光电信号为写入信号，照射在空间光调制器上的光束为读出光，经过调制后的光束为输出光[25]。如图 7.8（a）、（b）所示，空间光调制器按照读出光的方式可以分为反射式和透射式；如图 7.8（b）、（d）所示，按输入信号的类型分为电寻址和光寻址。在功能上，空间光调制器作为输入器件可以用于光-电信号的转换、串行-并行的转换、非相干光-相干光的转换、波长的转化等；作为变换或运算器件，可以用作放大器、乘法器与算术运算器[25]。

　　随着对液晶技术研究的成熟，基于液晶光电技术的应用也不断发展。1971 年，Qiu 等[26]设计出了第一个透射型 SLM，光导层由 ZnS 制备，但是其缺点在于使用寿命低，不能满足实际应用的要求。随后，Grinberg 等[27]研制出了可以在混合效应模式下工作的交流反射光阀，为以后 SLM 的实际应用奠定了基础。Mansell 等[28]研制出了具有占地空间小、节约能源以及集成化高等优点的薄膜空间光调制器，从此高集成化的 SLM 成为研究的热点。2011 年，美国制备了第一台硅基-石墨烯集成空间光调制器，由于石墨烯具有优良的光学属性，该空间光调制器得到了广泛应用[29]。

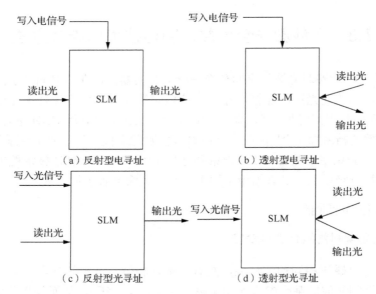

图 7.8　空间光调制器分类示意图

2. 空间光调制器的工作原理

双折射效应是指当液晶层受到电流刺激后，液晶的分子排列方向会发生变化，致使照射的光线折射发生变化的现象。液晶是一种具有双折射性质的材料，受到电流刺激后的分子排列变化情况如图 7.9 所示[30]。照射的光束会被分成不同的方向，通常将与光轴平行的称为非常光（e 光），与光轴垂直的称为寻常光（o 光）。

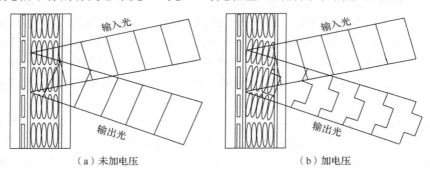

图 7.9　SLM 中液晶分子排列

液晶层在没有外加电压时，非常光（e 光）和寻常光（o 光）的光程差可以表示为

$$\delta = \frac{\pi d}{\lambda} n_e - n_o \tag{7.12}$$

式中，λ 为入射光束的波长；d 为液晶分子层的厚度；n_e、n_o 分别为两个方向的折射率。

当液晶分子发生偏转时，设长轴与液晶分子的长轴夹角为 θ，那么折射率为

$$n_e\left(\theta\right) = \frac{n_o n_e}{\sqrt{n_o^2 \cos\theta + n_e^2 \sin\theta}} \tag{7.13}$$

施加电压后的光程差为

$$\delta = \frac{2\pi}{\lambda} \int_0^d [n_e\left(\theta\right) - n_o] \mathrm{d}z \tag{7.14}$$

经过空间光调制器后，出射光的光程差 δ 和调制的相位 $\Delta\varphi$ 可以用下列方程算出：

$$\delta = 2\Delta nd \tag{7.15}$$

$$\Delta\varphi = k\delta \approx \frac{2\pi}{\lambda} 2\Delta nd = \frac{4\pi}{\lambda}\Delta nd \tag{7.16}$$

式中，k 为入射光的阶数。因为 Δn 与电压有关，所以

$$\Delta\varphi \approx \frac{4\pi}{\lambda} d \cdot f\left(v\right) \tag{7.17}$$

式中，$f\left(v\right)$ 为电压的函数，$\Delta n = f(v)$。

通过控制输入的电信号，可以实现对空间光调制器的控制，完成对光束振幅、相位的调制[30]。

7.3.2 衍射光栅模拟

在半导体研究领域中光栅十分常见，光栅也称为衍射光栅，其种类形式丰富多样[31]。如图 7.10 所示，光束照射到空间光调制器，经过光栅会产生衍射现象。邻近的光束之间的光程差可以表示为

$$\Delta = D\left(\sin\alpha \pm \sin\beta\right) \tag{7.18}$$

式中，D 为光栅的间距；α 为入射光与法线的夹角；β 为衍射角。

因此，光栅方程还可以表示为

$$D\left(\sin\alpha \pm \sin\beta\right) = m\lambda， \quad m = 0,\pm 1,\pm 2,\cdots \tag{7.19}$$

式中，m 为亮暗条纹光谱级数。

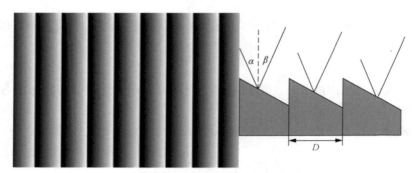

图 7.10　衍射光栅的原理图

从式（7.19）可知，方程中各个参数都是互相影响的，要想获得多光束，可以叠加多个光栅。光栅导致光束的入射角不同，可以衍射出多光束，空间光调制器可以通过模拟光栅，将一束光分成多束光[30]。

如图 7.11 所示，每幅 CGH 对应一个光束，因此通过叠加不同的 CGH 就可以得到想要的图案，CGH 的相位可以表示为

$$\varphi_h = \left(\varphi_{\text{prism}-1} + \varphi_{\text{prism}-2} + \cdots + \varphi_{\text{prism}-n}\right) \bmod 2\pi = \left(\sum_{i=1}^{n} \varphi_{\text{prism}-i}\right) \bmod 2\pi \qquad （7.20）$$

式中，$\varphi_{\text{prism}-i}$ 为第 i 幅 CGH 的相位；mod 为求余运算；n 为目标图案的光束数量；$\bmod 2\pi$ 为总相位 2π 的余数。

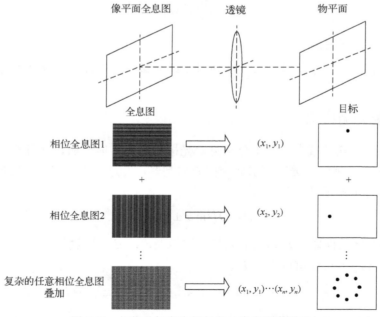

图 7.11　相位叠加产生的任意二维多光束图形

图 7.12 表示 SLM 衍射光束后得到多光束的示意图，在 SLM 上加载 CGH 实现多光栅叠加的效果，从而将单光束分成多光束[30]。

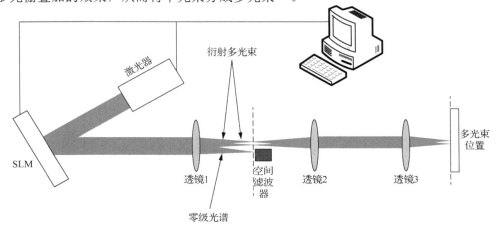

图 7.12　SLM 产生多光束示意图

7.3.3　全息技术及分束原理

全息技术是由迦伯最先在 1948 年提出的，基本原理是利用"干涉记录""衍射再现"的两步无透镜成像法，将物体的光波记录在感光材料上。20 世纪 60 年代，激光的出现解决了高相干性与高强度光源的问题，全息技术得到了迅速的发展，并在许多领域获得了成功应用[16]。

1. 全息技术原理

1）物光波面的记录

全息技术的第一步是物光波的记录，在感光材料上记录光波的信息，包括全部的振幅和相位信息。用相干光将记录了信息的物光波和参考波产生的干涉条纹记录成全息图，所以全息图实际上是一张干涉图。

如图 7.13（a）所示，用光源将物体照亮，光源为相干光，物体发生散射，散射光包含物体的振幅、相位等信息，到达 H 时物光波的复振幅为 $\widetilde{E}_{\mathrm{o}}(x,y)$，参考波的复振幅为 $\widetilde{E}_{\mathrm{r}}(x,y)$，且有

$$\widetilde{E}_{\mathrm{o}}(x,y) = a_{\mathrm{o}}(x,y)\mathrm{e}^{\mathrm{i}\varphi_{\mathrm{o}}(x,y)} \tag{7.21}$$

$$\widetilde{E}_{\mathrm{r}}(x,y) = a_{\mathrm{r}}(x,y)\mathrm{e}^{\mathrm{i}\varphi_{\mathrm{r}}(x,y)} \tag{7.22}$$

式中，$a_{\mathrm{o}}(x,y)$、$a_{\mathrm{r}}(x,y)$、$\varphi_{\mathrm{o}}(x,y)$、$\varphi_{\mathrm{r}}(x,y)$ 分别表示物光波和参考波在 H 面上的振幅和相位分布，发生干涉后强度分布为

$$I(x,y)=\left|\widetilde{E}_{\mathrm{o}}(x,y)+\widetilde{E}_{\mathrm{r}}(x,y)\right|^{2}$$

$$=\left|\widetilde{E}_{\mathrm{o}}(x,y)\right|^{2}+\left|\widetilde{E}_{\mathrm{r}}(x,y)\right|^{2}+\widetilde{E}_{\mathrm{r}}(x,y)\widetilde{E}_{\mathrm{o}}^{*}(x,y)+\widetilde{E}_{\mathrm{r}}^{*}(x,y)\widetilde{E}_{\mathrm{o}}(x,y)$$

$$=a_{\mathrm{r}}^{2}+a_{\mathrm{o}}^{2}+2a_{\mathrm{r}}a_{\mathrm{o}}\cos[\varphi_{\mathrm{r}}(x,y)-\varphi_{\mathrm{o}}(x,y)]\qquad（7.23）$$

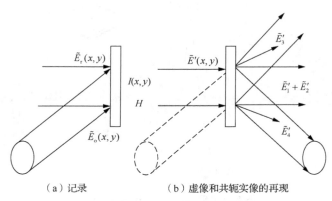

（a）记录　　　　　　　　（b）虚像和共轭实像的再现

图 7.13　全息图的记录和再现[16]

全息图拍摄时应选择底片振幅透射系数随光强（曝光量）呈线性变化的区域记录，由此条件制作的全息图振幅透射系数为

$$t=(x,y)=k_{0}+k_{1}I(x,y)\qquad（7.24）$$

式中，k_{0}、k_{1} 为常数，$k_{1}<0$ 是负片，$k_{1}>0$ 是正片。将式（7.23）代入式（7.24）中，则有

$$t=\left(k_{0}+k_{1}\left|\widetilde{E}_{\mathrm{r}}\right|^{2}\right)+k_{1}\left|\widetilde{E}_{\mathrm{o}}\right|^{2}+k_{1}\left(\widetilde{E}_{\mathrm{r}}^{*}\widetilde{E}_{\mathrm{o}}\right)+k_{1}\left(\widetilde{E}_{\mathrm{r}}\widetilde{E}_{\mathrm{o}}^{*}\right)$$

$$=t_{1}+t_{2}+t_{3}+t_{4}\qquad（7.25）$$

2）物光波面的再现

全息技术的第二步是物光波面的再现，就是将之前记录的信息再现。将记录信息的感光材料看作一个衍射屏，其透射系数为 t，因为记录的信息由物体发生散射所致，所以这块衍射屏相当于一块复合光栅，包含不同方向传播的平面波和参考波。当用光源照亮衍射屏时，形成的衍射光波含有再现的物光波，再现的像也是它们叠加形成的。

如图 7.13（b）所示，假设记录和再现时所用的照明光源相同，即 $\widetilde{E}_{\mathrm{o}}=\widetilde{E}_{\mathrm{r}}$，则由式（7.25）得到透过全息图的复振幅分布 $\widetilde{E}'(x,y)$ 为

$$\widetilde{E}'(x,y) = \widetilde{E}_r t = \left\{ k_0 + k_1 \left| \widetilde{E}_r \right|^2 \right\} \widetilde{E}_r + k_1 \left| \widetilde{E}_o \right|^2 \widetilde{E}_r + k_1 \left| \widetilde{E}_r \right|^2 \widetilde{E}_o + k_1 \widetilde{E}_r^2 \widetilde{E}_o^*$$

$$= \widetilde{E}_1' + \widetilde{E}_2' + \widetilde{E}_3' + \widetilde{E}_4' \tag{7.26}$$

式中，$\widetilde{E}_r$ 为零级衍射波，透射后方向不会发生变化，因此与物波的再现无关；$\widetilde{E}_3'$ 为正一级衍射波，$\widetilde{E}_4'$ 为负一级衍射波，当全息图的再现光不同于记录的参考光时，无论正一级衍射形成的虚像还是负一级衍射形成的实像将失真变形。要同时再现出完全对称的不失真的直接像和共轭像，参考光和再现光应该取 $\widetilde{E}_r = \widetilde{E}_r^*$，$\varphi_r(x,y)=0$ 的波，即垂直全息图的平面波[16]。

2. 全息图

通常将物光波记录下来并在特定的光源照射时可以重新看到物光的载体称为全息图（hologram）。与传统的照相技术不同，这种技术称为光全息术[25]。记录物光波的过程称为波前记录，重现物光波的过程称为波前再现，并且将照明全息图的光波称为再现波或再现光[32]。全息图是非常复杂的，它包含物体的全部信息。但是物体上每一点都可视为子波源或散射中心，辐射出一个个球面子波，每个球面波与参考平面波相干涉形成一个球面波基元全息图。复杂的物体全息图是许多球面波基元全息图的叠加。同样地，物体上的散射也可以看作不同空间频率的平面波的线性叠加，每个平面波与参考平面波相干涉形成了另一类平面波基元全息图。物体全息图也可以看作许多平面波基元全息图的叠加。前者相当于空间域中的基元全息图，而后者相当于空间频率域中的基元全息图。了解了基元全息图的记录和再现，复杂全息图的记录和再现就清楚了[16]。

1）球面波基元去全息图

如图 7.14（a）所示，单色平面波垂直照射透明片 M。假定 M 上只有一点物 S，则由 S 散射的物光波是球面波，而直接透过 M 的光波（参考波）是平面波。两光波产生的干涉图样在照相底板 H 上记录成为点物的全息图（或菲涅耳全息图）。在 H 上取坐标系 Oxyz，令 z 轴垂直于 H 平面，并假定点物 S 在 z 轴上，与原点 O 的距离为 z_1。那么，点物散射的球面物光波在 H 上的复振幅分布为（取菲涅耳近似）

$$\widetilde{E}_o(x,y) = a_o \exp\left[\mathrm{i} \frac{k}{2z_1} \left(x^2 + y^2 \right) \right] \tag{7.27}$$

式中，a_o 可近似为常数；参考光波在 H 上的振幅均匀分布，设为 1，即 $\widetilde{E}_r(x,y)=1$，因此。在 H 上的光强分布为

$$I(x,y)=\left|a_{\mathrm{o}}\right|^{2}+1+a_{\mathrm{o}}\exp\left[\mathrm{i}\frac{k}{2z_{1}}\left(x^{2}+y^{2}\right)\right]+a_{\mathrm{o}}\exp\left[-\mathrm{i}\frac{k}{2z_{1}}\left(x^{2}+y^{2}\right)\right]\quad（7.28）$$

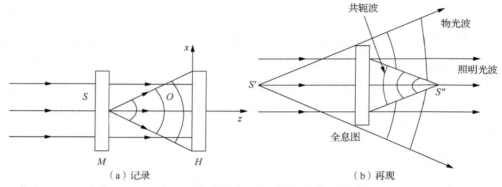

图 7.14　球面物光波的记录与再现[16]

H 经曝光和冲洗后的透射系数为（忽略常数比例因子）

$$\tilde{t}(x,y)=\left|a_{\mathrm{o}}\right|^{2}+1+a_{\mathrm{o}}\exp\left[\mathrm{i}\frac{k}{2z_{1}}\left(x^{2}+y^{2}\right)\right]+a_{\mathrm{o}}\exp\left[-\mathrm{i}\frac{k}{2z_{1}}\left(x^{2}+y^{2}\right)\right]$$

$$=\left(\left|a_{\mathrm{o}}\right|^{2}+1\right)+2a_{\mathrm{o}}\cos\left[\frac{k}{2z_{1}}\left(x^{2}+y^{2}\right)\right]\quad（7.29）$$

再现时，如果用与参考波相同的光波垂直照明全息图，那么透过全息图的衍射光波为

$$\tilde{E}_{D}(x,y)=\left|a_{\mathrm{o}}\right|^{2}+1+a_{\mathrm{o}}\exp\left[\mathrm{i}\frac{k}{2z_{1}}\left(x^{2}+y^{2}\right)\right]+a_{\mathrm{o}}\exp\left[-\mathrm{i}\frac{k}{2z_{1}}\left(x^{2}+y^{2}\right)\right]\quad（7.30）$$

式（7.30）右边第一项代表与全息图垂直的平面波，即直射光；第二项是物光波，是一个发散的球面波。如图 7.14（b）所示，当迎着它观察时，可以看到点物 S 的虚像 S'；第三项是共轭波，它是球心在全息图右 z_1 处的会聚球面波，在球心形成点物 S 的实像 S''。

2）平面波基元全息

图 7.15 是记录傅里叶变换（夫琅和费）全息图的光路图。设它们的波矢量平行于 xy 平面，并分别与 z 轴成 θ_{o} 和 θ_{r} 角，因两光波在照相底板平面（xy 平面）上的复振幅分布分别为

$$\tilde{E}_{\mathrm{o}}(x,y)=a_{\mathrm{o}}(x,y)\exp(\mathrm{i}kx\sin\theta_{\mathrm{o}})\quad（7.31）$$

$$\tilde{E}_{\mathrm{r}}(x,y)=a_{\mathrm{r}}(x,y)\exp(\mathrm{i}kx\sin\theta_{\mathrm{r}})\quad（7.32）$$

故两光波的干涉光强为

$$I(x,y) = a_o^2 + a_r^2 + a_o a_r \exp\left[ikx(\sin\theta_o - \sin\theta_r)\right] + a_o a_r \exp\left[-ikx(\sin\theta_o - \sin\theta_r)\right]$$
$$= a_o^2 + a_r^2 + 2a_o a_r \cos\left[kx(\sin\theta_o - \sin\theta_r)\right] \qquad (7.33)$$

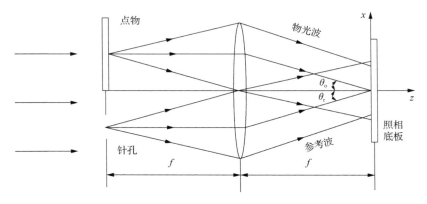

图 7.15　傅里叶变换全息图的记录[16]

照相底板曝光和冲洗后，其复振幅透射系数为（忽略常数比例因子）

$$\tilde{t}(x,y) = a_o^2 + a_r^2 + 2a_o a_r \cos\left\{kx(\sin\theta_o - \sin\theta_r)\right\} \qquad (7.34)$$

可见，这个全息图实际上是一块余弦光栅，条纹是一组与 y 轴平行的真条纹，由式（7.34）得间距：

$$kx(\sin\theta_o - \sin\theta_r) = 2m\pi \qquad (7.35)$$

$$e = \frac{\lambda}{\sin\theta_o - \sin\theta_r} \qquad (7.36)$$

式中，e 为间距，$\lambda = 2m\pi$，再现时，如果用参考波完全相同的光波作为照明光波，那么透射全息图的光波为

$$\widetilde{E}_D(x,y) = \left(a_o^2 + a_r^2\right)a_r \exp(ikx\sin\theta_r) + a_r^2 a_o (ikx\sin\theta_o)$$
$$+ a_r^2 a_o \exp\left[ikx(2\sin\theta_r - \sin\theta_o)\right] \qquad (7.37)$$

如图 7.16（a）所示，这是三个不同方向传播的平面波，第一项代表直射的照明光波，第二项是物光波，第三项是共轭波，其传播方向与 z 轴的夹角为

$$\arcsin(2\sin\theta_r - \sin\theta_o) \approx 2\theta_r - \theta_o \qquad (7.38)$$

在参考波和照明光波都沿 z 轴传播的特殊情况下，有 $\theta_r = \theta_o = 0$，因此

$$\widetilde{E}_D(x,y) = \left(a_o^2 + a_r^2\right)a_r + a_r^2 a_o \exp(ikx\sin\theta_o) + a_r^2 a_o \exp(-ikx\sin\theta_o) \qquad (7.39)$$

　　如图 7.16（b）所示，式（7.39）表明衍射光波包含 z 轴传播的直射照明光波、沿与 z 轴成 θ_o 角传播的物光波和与 z 轴成 $-\theta_o$ 角传播的共轭波，这三个光波对应于正弦光栅衍射的零级、正一级、负一级衍射波[16]。

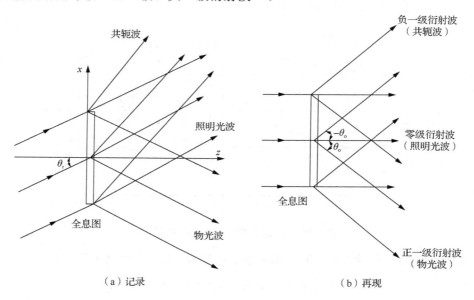

图 7.16　平面波全息的记录和再现[16]

7.3.4　计算全息算法理论和设计

　　在光束调制中用到的计算全息图需要进行单独的计算并生成，通过期望得到的目标光场和入射光场，设计其中的相位调制元件的函数，进而设计入射光场，这也可以看作一个光学系统相位恢复的问题[33]。在实际应用中，情况是复杂多样的，一般光场的相位分布没有确切的函数表达式，而且从入射光场到目标光场的调制需要不断地尝试，因此产生了迭代优化算法。入射光场经过数值化后，经透镜的变换，在透镜上得到所需要的目标光场。常用的迭代优化算法有 GS 算法、GSW 算法等[33]，下面将做一些简单介绍。

1. GS 算法

　　虽然入射光场的相位分布没有确切表达式，但是光场的强度分布为

$$\widetilde{A}_0 = A_0\left(i_1, i_2\right)\exp\left[\mathrm{j}\varphi_0\left(i_1, i_2\right)\right] \tag{7.40}$$

式中，$A_0\left(i_1, i_2\right)$ 为入射光场的振幅；$\varphi_0\left(i_1, i_2\right)$ 为入射光场的相位，透射系数可以表示为

$$t(i_1, i_2) = \exp\left[j\varphi_1(i_1, i_2)\right] \qquad (7.41)$$

入射光场经过调制后，光强分布发生变化

$$\tilde{A}_0 = A_0(i_1, i_2)\exp\left\{j\left[\varphi_0(i_1, i_2) + \varphi_1(i_1, i_2)\right]\right\} = A_0(i_1, i_2)\exp\left[j\varphi(i_1, i_2)\right] \qquad (7.42)$$

光束经过调制后，穿过透镜发生变换，需要的目标光场将会在焦平面上产生，透镜前后存在傅里叶变换的关系，即

$$\tilde{A} = (n_1, n_2) = F\left\{\tilde{A} = (i_1, i_2)\right\} \qquad (7.43)$$

已知其中一个参数，就可以通过傅里叶变换或者逆变换推算另一个参数。这种算法保证前后计算的误差小，得到的目标光场与需要光场的差距小。

1971 年，Gerchberg 和 Saxton[34]提出 GS 算法，该算法的基本思想如下。

（1）根据入射光场的强度分布 $A_0(i_1, i_2)$ 和初始相位 $\varphi_{\text{random}}(i_1, i_2)$，物平面光场可以表示为

$$\tilde{A}_{00}(i_1, i_2) = \tilde{A}_0(i_1, i_2)\exp\left[j\varphi_{\text{random}}(i_1, i_2)\right] = A_0(i_1, i_2)\exp\left[j\varphi_{00}(i_1, i_2)\right] \qquad (7.44)$$

（2）光场经过透镜后，做正向傅里叶变换：

$$\tilde{A}_{00}(n_1, n_2) = \text{FFT}\left(\tilde{A}_{00}(i_1, i_2)\right) = A_{00}(n_1, n_2)\exp\left[j\varphi_{00}(n_1, n_2)\right] \qquad (7.45)$$

（3）将目标光场的振幅值代替计算的振幅值，但是相位是保持不变的。

（4）做逆向傅里叶变换，得到新的入射光场的振幅和相位分布：

$$\tilde{A}_{01}(i_1, i_2) = \text{iFFT}\left\{A_{\text{design}}(n_1, n_2)\right\}\exp\left[j\varphi_{00}(n_1, n_2)\right] = A_0(i_1, i_2)\exp\left[j\varphi_{01}(i_1, i_2)\right] \qquad (7.46)$$

（5）将最初的入射光场的振幅代替式（7.46）计算得到的振幅，相位保持式（7.46）计算得到的相位，此时光场的强度分布为

$$\tilde{A}_{01}(i_1, i_2) = A_0(i_1, i_2)\exp\left[j\varphi_{01}(i_1, i_2)\right] \qquad (7.47)$$

（6）重复步骤（2）～步骤（5），经过迭代后，得到需要的目标光场的振幅分布。

不断重复步骤（2）～步骤（5），使计算得到的光场与需要的目标光场偏差不断缩短。GS 算法的特点是在开始的几次迭代中速度比较快，之后收敛的速度减小，最终会得到一个与需要相位相差不大的光场相位分布。

2. GSW 算法

GS 算法在收敛速度、均一性方面还有一些缺陷，经过研究者的不断探索，许多基于 GS 算法的改进型算法应运而生，并被应用到许多研究领域。GSW 算法称为权重 GS 算法[35]，是一种改进型 GS 算法，GSW 算法的基本思想与 GS 算法一致，改

进的主要是不断通过权重修改目标光场的振幅,这样加速了迭代的过程,提高了均一性。

　　不同之处主要是在 GS 算法的步骤(3),GSW 算法不再直接用目标光场的振幅代替计算得到的光场振幅,而是首先得到傅里叶变换后的振幅 $A_{00}(n_1, n_2)$ 和平均值 $\overline{A}_{00}(n_1, n_2)$,二者的偏差为 $\Delta = A_{00}(n_1, n_2) - \overline{A}_{00}(n_1, n_2)$,然后以 $A'_{00}(n_1, n_2) = A_{design}(n_1, n_2) - \xi\Delta$ 代替 $A_{00}(n_1, n_2)$ 进行傅里叶逆变换。其中 $\xi \in [0,1]$ 为权重因子[33]。

　　图 7.17 为飞秒全息加工系统,系统主要包括飞秒激光放大系统和一个液晶空间光调制器,通过飞秒激光放大系统产生中心波长为 800nm、脉宽为 150fs 的飞秒激光,脉冲能量由一组中性密度滤光片经扩束光学系统校准后进行调节,脉冲照射到液晶空间光调制器上,通过来自计算机的图像信号,调节液晶空间光调制器空间折射率的变化。脉冲在液晶空间光调制器上形成衍射,并通过由透镜和物镜(OL)组成的还原光学系统在样品上形成所需的加工图案,利用透射照明光学显微镜对加工区域进行观察。此外,原子力显微镜(AFM)和扫描电子显微镜(简称扫描电镜,SEM)可以用来测量纳米尺度结构的加工面积[36]。

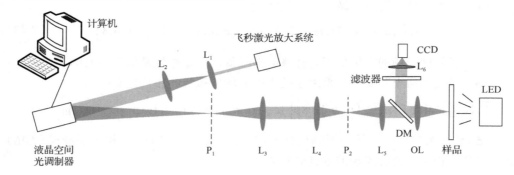

图 7.17　飞秒全息加工系统[36]

7.4　激光并行制造技术应用举例

7.4.1　微光学元件

　　随着科学技术的不断发展,各种电子元器件正在被光学元件取代,并向着微小化和集成化的方向发展,光子产业的发展需要一种可以对光学材料进行微纳处理的工具[1]。蓝宝石具有优良的耐酸碱性和耐高温性,作为光学材料在许多先进领域都有重要应用[37]。虽然蓝宝石有许多优点,但在加工时却因为其超高的硬度而遇到问题,传统的加工技术难以满足需求,因此急需一种可以加工蓝宝石的技术。

　　飞秒激光加工技术作为一种先进的加工技术，可以将各种材料加工成微光学元件，包括金属材料[37]、半导体材料[38]及电介质材料[39]等。飞秒激光加工质量好、精度高，但是飞秒激光采用逐点加工，存在加工效率低的问题，很难满足现代工业的要求。另外，飞秒激光加工微光学元件时存在能量利用率低的问题，因此需要一种新的方法来解决上述问题，高效加工出高质量的微光学元件[40]。

　　吉林大学曹小文[40]提出了一种将空间光调制技术与湿法腐蚀相结合，大面积制作微透镜的方法。图 7.18 是该加工系统示意图，加工系统主要器件包括空间光调制器、三维移动平台、CCD 等器件。实验过程中，将蓝宝石放在三维移动平台上，飞秒激光调制后，对蓝宝石进行阵列加工，加工后置于腐蚀液中浸泡，随后用清水清洗样品，可以得到蓝宝石的微透镜阵列。这种方法在保证了蓝宝石加工质量的同时，提高了加工效率。

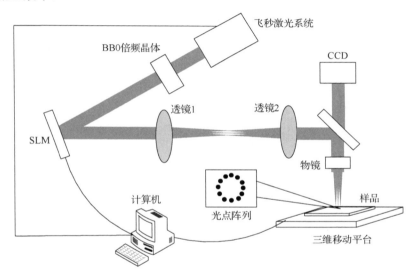

图 7.18　基于空间光调制器的飞秒激光并行加工系统[40]

7.4.2　表面微结构阵列

　　与纳秒激光相比，飞秒激光热影响区小、机械应力低的特性给硅材料的加工行业注入了新的活力[41]。用飞秒激光对硅进行表面处理，当激光能量达到一定数值后，会在硅表面形成微结构，这种结构会改变硅表面对光线的反射特性。由于增加了微结构，硅表面不再光滑，增大硅表面受光面积，光线会在相邻结构的侧壁来回反射，从而降低了整体反射率[42]。多光束干涉法可以形成周期性的阵列，提高了加工效率，广泛应用在光子晶体制造领域[43]，而且周期可以通过改变光束之间的夹角进行调制[45]。这是一种制备光子晶体的有效方法，但是多光束干涉法存在干涉条纹的强度受高斯光束分布的影响，可能造成诱导的折射率变化不均匀等问题。

贺锋涛等[46]提出一种新的方法，通过在光路中增加空间光调制器对光束进行调制，实现了灵活可控的多光束加工。图 7.19 是其实验加工装置图，激光脉冲以一定的角度照射到空间光调制器后，经过 4f 系统对光束的准直扩束作用，最后反射到硅的表面，进行多光束加工。利用调制好的空间点阵在硅表面上加工出微结构，要想改变微结构的间距与周期，只需要通过空间光调制器加载不同的计算全息图。这种方法具有控制灵活、操作简便等优点。

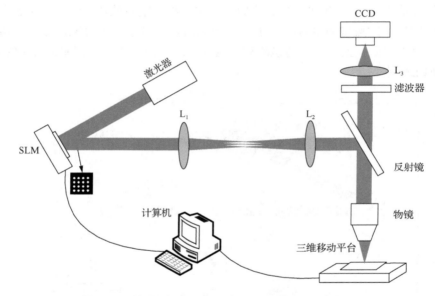

图 7.19　利用空间光调制器实现飞秒激光多光束加工

7.4.3　微孔加工阵列

激光加工具有加工精度高、无接触、操作简便等优点[47]，且由于激光具有高的能量密度，可以在短时间内完成烧蚀，具有热影响区小、烧蚀阈值精确等优点。单光束激光逐点加工，在进行大范围的打孔时，存在加工效率低、耗费时间长等缺点，利用多光束并行加工可以有效提高加工速度，提高激光能量利用率。

现代工业不断进步，对电路板的要求也越来越高，制造电路板的主要材料 FPC 的加工技术受到了广泛的关注。湖北工业大学张洛利用空间光调制器产生多光束，对 FPC 进行了群孔加工试验。图 7.20 为其多光束加工示意图，在光路中添加空间光调制器（SLM），对光束进行调制，利用 4f 系统，经过透镜反射后，照射到三维移动平台，完成加工。通过实验验证，该方法产生的多光束能量分布均匀、加工质量好[17]。

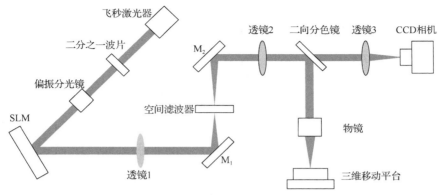

图 7.20　多光束加工示意图

参 考 文 献

[1] 杨建军. 飞秒激光超精细"冷"加工技术及其应用（I）[J].激光与光电子学进展, 2004, 41（3）: 42-52.

[2] ZHENG K. Parallel diffractive multi-beam ultrafast laser micro-processing[J]. University of Liverpool, 2010.30 （3）:2501-2507

[3] KONDO T, MATSUO S, JUODKAZIS S, et al. Femtosecond laser interference technique with diffractive beam splitter for fabrication of three-dimensional photonic crystals[J]. Applied Physics Letters, 2001, 79（6）: 725-727.

[4] MATSUO S, JUODKAZIS S, MISAWA H. Femtosecond laser microfabrication of periodic structures using a microlens array[J]. Applied Physics A, 2005, 80（4）: 683-685.

[5] KUROIWA Y, TAKESHIMA N, NARITA Y, et al. Arbitrary micropatterning method in femtosecond laser microprocessing using diffractive optical elements[J]. Optics Express, 2004, 12（9）: 1908-1915.

[6] 胡勇涛, 翟中生, 吕清花, 等. 基于空间光调制器的飞秒并行加工方法研究[J]. 应用光学, 2016, 37（2）: 315-320.

[7] JESACHER A, BOOTH M J. Parallel direct laser writing in three dimensions with spatially dependent aberration correction[J]. Optics Express, 2010, 18（20）: 21090-21099.

[8] HAYASAKI Y, SUGIMOTO T, TAKITA A, et al. Variable holographic femtosecond laser processing by use of a spatial light modulator[J]. Applied Physics Letters, 2005, 87（3）: 031101.

[9] KUANG Z, PERRIE W, LEACH J, et al. High throughput diffractive multi-beam femtosecond laser processing using a spatial light modulator[J]. Applied Surface Science, 2008, 255（5）: 2284-2289.

[10] KUANG Z, LIU D,PERRIE W, et al. Diffractive multi-beam ultra-fast laser micro-processing using a spatial light modulator[J]. Chinese Journal of Lasers, 2009, 36（12）: 3093-3115.

[11] HASEGAWA S, HAYASAKI Y. Second-harmonic optimization of computer-generated hologram[J]. Optics Letters, 2011, 36（15）: 2943-2945.

[12] HASEGAWA S, HAYASAKI Y. Polarization distribution control of parallel femtosecond pulses with spatial light modulators[J]. Optics Express, 2013, 21（11）: 12987-12995.

[13] LU D X, ZHANG Y L, HAN D D, et al. Solvent-tunable PDMS microlens fabricated by femtosecond laser direct writing[J]. Journal of Materials Chemistry C, 2015, 3（8）: 1751-1756.

[14] XU B, DU W Q, LI J W, et al. High efficiency integration of three-dimensional functional microdevices inside a microfluidic chip by using femtosecond laser multifoci parallel microfabrication[J]. Scientific Reports, 2016, 6: 19989.

[15] ZHANG C C, HU Y L, DU W Q, et al. Optimized holographic femtosecond laser patterning method towards rapid integration of high-quality functional devices in microchannels[J]. Scientific Reports, 2016, 6: 33281.

[16] 郁道银, 谈恒英. 工程光学[M]. 北京: 机械工业出版社, 2015.

[17] 张骆. 飞秒激光并行加工方法及在 FPC 微孔加工中的应用研究[D]. 武汉: 湖北工业大学, 2018.

[18] 曹伟丽, 肖诗洲, 郭锐, 等. 飞秒激光双光子微细并行加工方法[J]. 纳米技术与精密工程, 2006, 4（2）: 37-39.

[19] EFRON U. Spatial light modulators and applications for optical information processing[C]. Proceedings of SPIE, 1989, 4（2）102-106

[20] GRIEVE J A, ULCINAS A, SUBRAMANIAN S, et al. Hands-on with optical tweezers: A multitouch interface for holographic optical trapping[J]. Optics Express, 2009, 17（5）: 3595-3602.

[21] LIU D, KUANG Z, PERRIE W, et al. High-speed uniform parallel 3D refractive index micro-structuring of poly（methyl methacrylate）for volume phase gratings[J]. Applied Physics B, 2010, 101（4）: 817-823.

[22] LIU D, PERRIE W, KUANG Z, et al. Multiple beam internal structuring of poly（methyl methacrylate）[J]. Journal of Laser Micro/Nanoengineering, 2012, 7（2）: 208-211.

[23] 谭超, 占世平, 胡勇华, 等. 激光信号的空间光调制关键技术综述[J]. 信息通信, 2017（5）: 48-49.

[24] 朱成禹. 电寻址空间光调制技术的研究[D]. 北京: 中国科学院研究生院, 2002.

[25] 陈家壁, 苏显渝. 光学信息技术原理及应用[M]. 北京: 高等教育出版社, 2002.

[26] QIU C R, WANG B, ZHANG N, et al. Transparent ferroelectric crystals with ultrahigh piezoelectricity[J]. Nature, 2020, 577（7790）: 350-354.

[27] GRINBERG J, JACOBSON A D, BLEHA W P, et al. A new real-time non-coherent to coherent light image converter——The hybrid field effect liquid crystal light valve[J]. Optical Engineering, 1975, 14（3）: 217-225.

[28] MANSELL J D, SINHA S, BYER R L. Deformable mirror development at Stanford University[J]. Proceedings of SPIE, 2002, 4493: 1-12.

[29] LIU M, YIN X B, ULIN-AVILA E, et al. A graphene-based broadband optical modulator[J]. Nature, 2011, 474（7349）: 64-67.

[30] 胡勇涛. 基于相位全息图的飞秒激光并行加工方法研究[D]. 武汉: 湖北工业大学, 2016.

[31] 李润超. 微纳尺度衍射光栅的制造方法及其应用实验研究[D]. 武汉: 华中科技大学, 2019.

[32] 李俊昌. 衍射计算及数字全息[M]. 北京: 科学出版社, 2014.

[33] 杨亮. 基于空间光调制器的飞秒激光并行加工技术研究[D]. 合肥: 中国科学技术大学, 2015.

[34] GERCHBERG R W, SAXTON W O. A practical algorithm for the determination of phase from image and diffraction plane pictures[J]. Optik, 1971, 35: 237-250.

[35] LEONARDO R D, IANNI F, RUOCCO G. Computer generation of optimal holograms for optical trap arrays[J]. Optics Express, 2007, 15（4）: 1913-1922.

[36] HAYASAKI Y. Holographic femtosecond laser processing[J]. Proceedings of SPIE, 2014, 7584（4）: 501-508.

[37] JONES C D, RIOUX J B, LOCHER J W, et al. Large-area sapphire for transparent armor[J]. American Ceramic Society Bulletin, 2006, 85（3）: 24-26.

[38] LIU X Q, CHEQ D, GUAN K M, et al. Dry-etching-assisted femtosecond laser machining[J]. Laser & Photonics Reviews, 2017, 11（3）: 1-8.

[39] WANG X C, LIM G C, ZHENG H, et al. Femtosecond pulse laser ablation of sapphire in ambient air[J]. Applied Surface Science, 2004, 228（1-4）: 221-226.

[40] 曹小文. 基于空间光调制器的飞秒激光加工微光学元件技术研究[D]. 长春: 吉林大学, 2019.

[41] IHLEMANN J, WOLFF B, SIMON P. Nanosecond and femtosecond excimer laser ablation of fused silica[J]. Applied Physics A, 1992, 54（4）: 363-368.

[42] HUANG Y F, CHATTOPADHYAY S, JEN Y, et al. Improved broadband and quasi-omnidirectional anti-reflection properties with biomimetic silicon nanostructures[J]. Nature Nanotechnology, 2007, 2（12）: 770-774.

[43] JIA X, JIA T Q, DING L G, et al. Complex periodic micro/nanostructures on 6H-SiC crystal induced by the interference of three femtosecond laser beams[J]. Optics Letters, 2009, 34（6）: 788-790.

[44] TING H T. Fabrication of two-dimensional photonic crystal structure with defect by holographic lithography and two-photon polymerization[J]. Acta Photonica Sinica 2012, 40（7）: 1021-1028.

[45] LEI M, YAO B L, RUPP R A. Structuring by multi-beam interference using symmetric Pyramids[J]. Optics Express, 2006, 14（12）: 5803-5811.

[46] 贺锋涛, 周强, 杨文正, 等. 飞秒激光多光束干涉刻硅表面减反微结构[J]. 光子学报, 2013, 42（5）: 515-520.

[47] 张菲, 段军, 曾晓雁, 等. 355nm 紫外激光加工柔性线路板盲孔的研究[J]. 中国激光, 2009, 36（12）: 3143-3148.

第8章　激光表面改性技术

表面改性技术作为一种新型的表面工程处理技术在零件强化、耐腐蚀方面得到广泛应用，本章对表面改性技术进行了简单的介绍，重点介绍激光熔覆技术、微尺度激光冲击强化技术、激光非晶化的原理、相关工艺及应用研究方面的内容，最后介绍激光表面工程中表面微织构方面的研究。

8.1　概　　述

8.1.1　激光表面改性的定义

表面工程技术在机械零件的强化、耐腐蚀方面具有独特优势，激光表面改性技术是表面工程技术中的先进技术之一[1]。激光表面改性技术具有加热速度快、可局部选区处理及无环境污染等优点，在金属材料表面工程领域得到了广泛关注，并且随着大功率激光器的广泛应用，激光表面改性技术在近十年内飞速发展[2]。

激光表面改性技术主要采用高能量密度的激光束对材料表面进行照射使其迅速升温，并且通过材料自身快速冷却，最终达到材料表面自淬火的目的。激光表面改性技术使材料表面的组织结构、化学成分及物理性能等发生变化，优化了基体表层材料[1]。与材料整体热处理方法不同，激光表面改性技术仅作用于材料表面，并不影响材料整体的组织和化学性能[3]。

8.1.2　激光表面改性的特点

激光表面改性技术使材料的表面性质发生了变化，提高了材料表面耐磨、耐腐蚀性能，增大了材料表面强度[4]。与其他表面处理方式相比，激光表面改性技术具有如下特点[5]。

（1）激光束的功率密度极高，加热速度极快，具有超强的自淬火作用，无须加热和冷却介质，材料热影响区小、尺寸热变形小、表面光洁度较高。

（2）可实现精密零部件以及复杂形状工件局部区域的表面处理，简化加工工艺，避免能源浪费，加工成本较低且无环境污染问题。

（3）使用计算机控制加工过程，自动化程度高，操作简单。

8.1.3　激光表面改性的种类

1. 激光熔覆技术

激光熔覆技术是通过采用高能量密度的激光束,将放置在被加工基体表面上的涂层粉末迅速熔化,并与被烧蚀熔化的基体表层材料融合、快速凝固,在基体表面形成一层致密性较好的新涂层技术。激光熔覆技术能够改善零件表面的耐磨、耐腐蚀等性能,使零件表面特性得到显著提高。

2. 微尺度激光冲击强化技术

微尺度激光冲击强化技术是一种面向 MEMS 中微型金属零部件的新型表面处理技术。微尺度激光冲击强化技术是在激光冲击强化技术的基础上发展起来的,该技术将微米级高重复率的短脉冲激光束产生的等离子冲击波作用于材料表面,通过强化作用和适度残余应力分布,达到改善微构件力学性能的目的[6]。与普通的激光冲击强化技术相比,微尺度激光冲击强化的能量为微焦到毫焦量级,光斑为微米量级。

3. 激光非晶化

激光非晶化是利用高能量密度的激光束辐照材料表面,在材料发生特定物理化学变化后使其快速冷却,从而制备出非晶态组织的工艺过程。相比于晶体材料,非晶体材料强度高、韧性好、抗腐蚀性高、具有软磁特性和超导电性,并具备某些特殊光学性质,具有重要的应用价值。

8.2　激光熔覆技术

8.2.1　激光熔覆技术原理及方法

从传统角度来看,激光熔覆技术属于一种堆焊技术,以增材制造的思想为基础,在激光束的作用下,以同轴送粉或预先放置粉末的方式,将放置在基体表面的材料粉末和小部分基体迅速熔化并凝固,形成新的金属层,其工作原理如图 8.1 所示。

按照熔覆材料供给方式的不同,可将激光熔覆技术分为预置粉末式激光熔覆技术和同轴送粉式激光熔覆技术两类。如图 8.2 所示,将熔覆材料的粉末事先放置在基体材料表面,采用高能量激光束在特定位置进行扫描熔化,最终得到与基体表面相融合的高性

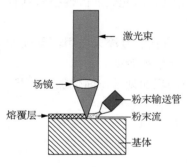

图 8.1　激光熔覆原理图

能表面的方法称为预置粉末式激光熔覆技术；而采用特殊装置，将熔覆材料粉末和激光束同时送入指定熔覆部位，在其表面直接形成新的微观组织结构，称为同轴送粉式激光熔覆技术。

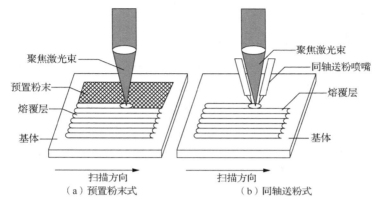

图 8.2　激光熔覆的两种方式

其中，同轴送粉式激光熔覆技术由于具有操作灵活、材料利用率高、送粉均匀等优势，成为目前激光熔覆的主要方式。

同其他表面强化技术相比，激光熔覆技术具有与基体材料结合强度高、冷却速度快、热影响区较小、能进行特殊部位的选区熔覆，以及熔覆材料消耗少等特点，优势明显[7]。具体如下。

（1）生产时间短。机械制造中模型的生产是新产品开发的一个关键问题。然而，在许多情况下，模型和必要工具的生产时间可能需要几个月。激光熔覆技术可以直接通过控制加工程序，从 CAD 模型中直接制造出相应的实体模型，缩短相应的产品研发时间[8]。

（2）控制热影响区。由于激光束具有高能量聚集性，通过合理地控制激光能量，能够有效地控制凝固速率，使零件获得良好的力学性能[9]。激光熔覆技术可以很好地控制热影响区。加工工艺过程中的快速加热和冷却过程对基体的热影响较小，仅在有限程度上影响基体的原始性能。

（3）零件修复。目前的零件修复技术主要依赖于破坏性的高温焊接工艺，然而，焊接工艺在修复后的性能方面往往受到限制。激光熔覆技术可以作为一种安全的修复技术，修复关键接触面等，如刀具的修复。激光熔覆可以修复高价值刀具，提高刀具使用寿命，降低其使用成本[10]。

（4）功能梯度零件的生产。常规的金属零件制造工艺用不同材料层制造功能梯度零件较难实现。激光熔覆技术提供了一种在零件制造过程中通过注入不同材料来生产功能梯度零件的方法[11]。

激光熔覆技术也存在一些缺点，在相同加工条件下，激光熔覆过程中工艺参数（如激光功率、扫描速度和送粉率）的微小变化以及高灵敏度的过程干扰（如吸收率变化）可能会导致熔覆质量发生很大的变化。在激光熔覆过程中，由于存在系统误差和随机误差，熔覆质量的最佳参数很难寻找。

8.2.2　激光熔覆技术相关工艺参数

影响激光熔覆质量的因素有很多，其中最主要的影响因素包括激光功率、扫描速度、送粉率和气流量[12]。

激光功率直接影响着激光熔覆的质量和效率。激光功率越大，作用于材料表面的激光能量密度越高，基体吸收的能量越高，熔覆效率越高。但过大的激光功率容易导致熔覆熔池变大，部分熔覆粉末"气化"，会造成熔覆层高度减小。此外，激光功率过大也易使基体材料整体温升过高，造成零件开裂等不良现象。当激光功率过小时，熔覆层往往不能完全熔化，成分不均匀，容易形成气孔等缺陷，熔覆质量过差，熔覆效率降低。

激光熔覆工艺是由激光按照一定的扫描路径由点（熔池）到线（熔覆线）再到面（涂层）逐步进行熔覆成型的，激光扫描速度决定了熔覆工艺中工件表面形貌、强度、耐磨性等性能。激光扫描速度过快时，激光与熔覆粉末之间接触时间较短，即加热时间较短，基体吸收的能量少、散热快，熔覆层熔化不彻底，熔覆质量过差。激光扫描速度过慢时，激光与熔覆层粉末接触时间过长，基体吸收能量过高、散热慢，熔覆层被反复加热，容易造成过烧蚀现象，导致材料产生变形、开裂等缺陷，影响涂层与基体间的结合强度，继而影响工件的力学性能。

在同轴送粉过程中，送粉率和气流量也是影响激光熔覆质量的重要影响因素。送粉率和气流量用以控制粉末流出速度。粉末流出速度太快，流出量过多，激光到达基体的能量减少，熔池深度减小，降低熔覆层材料结合强度。粉末流出速度太慢，流出量减少，激光到达基体的能量增大，熔池深度增大，导致熔覆层凹陷，此外基体过度受热容易造成基体材料表面发生热损伤，影响材料的使用性能。

激光熔覆技术在不同领域具有多样化的名称，例如，在涂层应用中，除了"激光熔覆"外，研究人员还使用"激光涂层"、"激光粉末沉积"或"激光堆焊"等名称。在快速成型或分层制造应用中，预制粉末式激光熔覆技术又称为金属选择性激光烧结（SLSM）技术或直接金属激光烧结技术[13]。

8.2.3　激光熔覆技术的微纳结构应用研究

虽然激光熔覆技术在不同领域有着广泛的应用前景，但熔覆成本过高、工艺速度过慢等因素限制了该技术的发展。随着激光功率提高、激光器成本降低，以及新一代激光器如大功率半导体激光器和光纤激光器的发展，激光熔覆技术在激光熔覆层、零部件修复和翻新、快速成型和快速模具制造等方面有着广阔的应用前景[7]。下面进行简单介绍。

1. 激光熔覆层

激光熔覆粉末不同导致形成的熔覆层材料不同，从而改变了基体的表面性质。此外，不同类型的金属，如铬、钛、镍、铜和镉，用于制备金属涂层，会使材料表面获得良好的耐磨、耐腐蚀性能，从而能有效地提高工件的使用性能和寿命。

激光熔覆层大多应用于航空航天、医疗和汽车工业等领域。钛基合金[13]、镍基高温合金[14]和钴基合金[15]是经常用于沉积在不同基体上的一些重要材料。波兰 Przybylowicz 和 Kusinski[16]用 Tribaloy alloy T-400 高温合金粉末，在铁基和镍基合金上利用激光熔覆技术成功制备无缺陷涂层，用以提高工件的耐磨、耐腐蚀性能。

钛合金上的生物陶瓷涂层也可通过激光熔覆技术获得，研究者将该技术用于骨科植入物的商用钛合金基体表面磷酸钙层的涂覆加工，以促进植入物植入体内时的骨生长[17]。激光熔覆和其他激光表面处理方法也被用于玻璃状金属层的加工，这些金属层具有优异的耐磨、耐腐蚀性[18]。

商用飞机燃气轮机的涂层是激光熔覆技术在熔覆层领域中最主要的应用之一。为了获取低成本、高效率的工业燃气轮机，在燃气轮机机体上涂覆镍基高温合金等高强度、耐高温材料，以满足燃气轮机热通道部件力学性能的需要。

此外，激光熔覆技术还可用于工业零件的其他涂层的加工，以获得具有耐磨、耐腐蚀等性能的表面涂层。

高慧和陈斌[19]在模具基体表面熔覆一层镍基合金涂层来提高模具的耐磨性能，延长其使用寿命，在显微镜观察下，熔覆层的微观组织如图 8.3（a）所示。实验采用镍基自溶性粉末，使得熔覆层和模具基体实现了良好的合金结合，基本上不存在孔隙和缝隙等缺陷。经由图 8.3（a）、（b）的试验结果对比发现，熔覆层的组织形态以胞状晶和树枝晶为主，基体的热影响区为淬火状态的马氏体，越靠近熔覆区，马氏体形态越细小，熔覆层底部的热影响区组织明显细化，结合区的硬度与韧性明显增加，达到了细晶粒强化的作用。

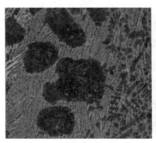 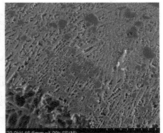

（a）结合区金相　　　　　　　（b）熔覆层底部组织形貌

图 8.3　熔覆层微观组织形貌

2. 零部件修复和翻新

激光熔覆可以用来修复由于设计或加工过程中的误差而被过度加工的高价值零件，如模具、涡轮叶片和军用零部件等。

图 8.4　通过激光熔覆技术对高强度铝合金
外壳进行修复

上述零部件的传统修复方式通常采用焊接技术，该技术容易导致零部件在修复过程中发生热破坏，缩短零部件的使用寿命。激光熔覆技术由于具有热影响区小、凝固速度快、清洁度高、稀释度低以及热影响区深度可控等特点在零部件修复和翻新领域得到了广泛应用。激光熔覆高强度铝合金（不可熔覆的7075/7175 铝合金）外壳的修复示例如图 8.4所示。这种外壳属于水下某武器零部件，耐腐蚀性能和结构刚度要求高，采用激光熔覆技术对此类零件进行修复，能有效提高耐腐蚀性能和结构的完整性[20]。

激光熔覆的低热输入特性使得其在航空发动机部件的修复应用中具有独特的优势。航空发动机主要由高温合金组成，这些高温合金在过高的温度变化过程中，极易受到物理变形的影响而发生损坏。传统的焊接技术在焊接金属沉积过程中通常会产生大量的热量，从而导致基体构件内部的温度升高，过高的温度容易造成合金弱化和变形，从而对零件造成不可逆转的损坏。与传统的焊接技术相比，激光熔覆技术仅将热量传递到局部区域，热输入比传统焊接过程中产生的热输入要小得多，这导致激光熔覆过程中的残余应力和变形减小，进而减小热影响区，有效地提高了修复零件的质量和寿命[21]。

激光熔覆技术在涡轮发动机的修复中有着更大的市场潜力。目前，先进的燃气轮机安装有单晶和定向凝固组件，以便在较高的涡轮进口温度下操作发动机来实现最大的热效率。在这种发动机的制造和维修过程中，激光熔覆技术成为一项关键的技术。因为定向翼型铸件在常规焊接技术修复过程中受到强烈的热诱导极易重结晶，所以在某些情况下，它也被认为是唯一的修复技术[22]。安晓燕[23]对激光再制造传动件熔覆层进行了显微组织分析，其结果如图 8.5 所示。

激光熔覆所形成的再制造传动件的局部显微组织结构图如图 8.5（a）～（c）所示，熔覆区和基体区的组织结构差异较为明显，熔覆区组织颗粒细小且分布均匀，无明显的气孔和裂纹缺陷，有效地提高了修复零件的表面硬度。此外，在熔覆区和基体区之间明显存在一个过渡的结合区，此处基体与熔覆层之间相互渗透，形成了良好的冶金结合，有效地提高了熔覆层的韧性，使得熔覆层具有良好的抗疲劳特性[24]，三者的相互结合有效提高了修复部件的机械强度并延长了零件的使用寿命。

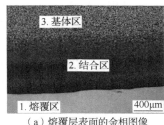

（a）熔覆层表面的金相图像　　　　（b）基体区与结合区的SEM形貌　　　（c）结合区与熔覆区的金相图像

图 8.5　熔覆区与基体区的微观组织形貌

3. 快速成型和快速模具

　　激光熔覆技术的一个新应用领域是在快速成型（RP）和快速模具（RT）市场上用以快速制造复杂的零部件与模具。使用传统的数控加工和电火花加工制造高质量高价值模具与零部件一直存在成本过高的问题，因此，以较低成本和较短时间生产出高质量的高价值模具与零部件的技术成为目前工业上关注的重点[25]。

　　近年来，研究人员一直致力于采用激光熔覆快速成型（简称激光快速成型）的方式制造高价值的模具及刀具，该技术提供了功能梯度材料沉积的能力，适用于重量轻、外表面硬的航空航天部件。

　　激光快速成型技术[25]是在 Sandia 国家实验室开发的一种快速金属成型工艺，证明了激光熔覆生产近净成型金属零件的可行性。该系统利用 CAD 软件建立一个三维模型，模型分割成一系列的层。这些层随后用于生成运动以沉积每一层材料，然后构建整个零件。图 8.6 展示了使用激光快速成型工艺制造叶片的过程。此外，图 8.7 是一个特殊的外壳，该外壳由激光快速成型工艺制造，缩短了二次加工时间。

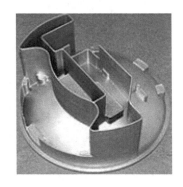

图 8.6　用激光快速成型工艺制作叶片　　　　图 8.7　采用激光快速成型方法制造的外壳

　　为了检验激光快速成型工艺的性能，Chen 等对激光快速成型制造的 $AlSi_{10}Mg$ 合金进行了微观结构分析。Al-Si 合金熔池中，大多数区域的温度用于熔解温度（T_d）和脆化温度（T_b）之间[26]，处于过热状态。此外，激光与材料之间的相互作用时间短，液相的振动和毛细作用均导致了 Al 和 Si 的微观结构不均匀。Al-Si 相图表明，$AlSi_{10}Mg$ 的固相化依次经历了相变反应和共晶反应[27]。在固化过程中，熔点较高的 Si 颗粒首先在熔池中异相成核。随着温度的降低，α-Al 在硅颗粒周围的耗尽区域中成核并生长。α-Al 的连续凝固导致残余液相中 Si 的浓度逐渐增加，这使液体成分逐渐移向共晶范围，从而形成 Al-Si 共晶[28]。熔池中的大温度梯度会导致熔体的过冷度 ΔT 增大，从而导致 Si 晶体的纤维形态。因此，在激光快速成型制造 $AlSi_{10}Mg$ 合金中，过饱和 Al 基体中能够嵌入纤维状 Si 的微结构网格状图案。图 8.8（a）和（b）提出了平均直径为 500nm 的超细孔结构网络，这在激光快速成型制造 Al-Si 合金的研究中经常观察到[28]。由电子背散射衍射（EBSD，图 8.8（c））观察得知，合金的平均晶粒尺寸为 10μm，比晶胞尺寸大[26]。如图 8.8（d）所示，铸造 Al-Si 合金的 Si 相为棒状或针状，显微组织较粗。与传统方法制成的 Al-Si 合金相比，激光快速成型技术制成的超细共晶组织具有更好的力学性能。

（a）低放大倍率　　　　　　　　　　　　（b）高放大倍率

（c）EBSD获得的反极坐标图　　　　　　　（d）铸造Al-Si合金的显微组织

图 8.8　Al-Si 合金的显微组织

8.3　微尺度激光冲击强化技术

微尺度激光冲击强化（microscale laser shock peening，μLSP）技术是针对微结构器件的表面强化处理而研究开发的新型技术，旨在提高被强化目标的疲劳寿命、耐磨性和耐腐蚀性，进而提高微器件的可靠性，延长微器件的使用寿命。Chen 等[29]近年来进行了大量的 μLSP 实验，发现压缩残余应力的深度分布为几十微米，进一步研究了残余应力场在微尺度上的表征方法，探索了 μLSP 的建模过程。

8.3.1　微尺度激光冲击强化技术原理及方法

微尺度激光冲击强化的原理与激光冲击强化技术[30]相似，两种尺度的激光冲击强化技术之间的显著差异是微尺度效应。微尺度激光冲击强化采用的光斑尺寸为微米级，与能量吸收层的厚度阶数相同。激光冲击强化技术的基本原理如图 8.9 所示[31]。

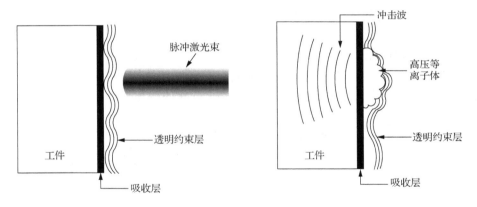

图 8.9　激光冲击强化原理图

高功率密度的短脉冲激光束（脉宽为几十纳秒）透过透明约束层（如流水、有机玻璃等）后作用在工件表面，涂覆在工件表面的吸收层（如铝箔、黑胶带、黑漆等）上吸收激光能量并产生爆炸性气体，形成压强大于 1GPa 的高压等离子体；等离子体由透明约束层束缚反复冲击在工件表面，向工件内部传播形成高压的冲击波；在冲击波的反复作用下，工件材料表层发生塑性变形，进而形成一定厚度的强化层，强化层内分布着较高的残余应力，能够有效地提高金属材料的耐磨损、抗应力腐蚀和抗疲劳等性能[31]。

微尺度激光冲击强化技术作为一种高效提高金属表面耐腐蚀性能及抗疲劳性能的表面强化工艺[32]，在微观表面工程领域的应用具有较为显著的优势[32]。

（1）超高压力，超快速度。微尺度激光冲击强化采用低脉冲能量的激光束，采用微米级的高聚焦光束，诱导产生 GPa 量级的高压冲击波作用于基体内部；在极短时间内将光能转变成高压冲击波的机械能，有效地实现了能量的高效利用。

（2）高应变率。应变率达到 $10^7 s^{-1}$ 量级，比机械冲压高出 10000 倍，比爆炸冲击高出近 100 倍，在如此高应变率下材料微观组织及性能变化是常规方法无法比拟的。

（3）高灵活性。激光参数、作用时间、冲击强化轨迹及聚焦光斑尺寸精确可控，且处理过程是非接触性的，因此具有极大的柔性和可重复性，可满足不同场合、不同表面的选择性定域化处理要求；此外，微尺度激光冲击强化工艺不仅适用于常规的金属材料，还可应用于硬脆陶瓷以及硅基等非金属材料的表面改性处理，具有较高的强化效率和灵活性。

8.3.2　微尺度激光冲击强化技术的相关工艺

Chen 等[33]利用电子背散射衍射技术研究了铝、铜和镍三种材料在微尺度激光冲击强化过程中由于塑性变形引起的晶格旋转的情况。实验采用波长为 355nm、光束直径为 12μm、激光强度约为 4 GW/cm² 的 3 倍频 YAG 激光器，选取光斑搭接的方式，冲击间距为 25μm 的 3 条平行直线，每个冲击位置的脉冲数为 3，试样的几何形状、实验条件如图 8.10 所示[33]。冲击结束后，采用 X 射线微衍射仪、原子力显微镜及电子背散射衍射等方式，对试样的晶格旋转场、单元胞状结构以及残余应力分布等进行了分析，以此来更深入地揭示微尺度激光冲击强化的微观机理。

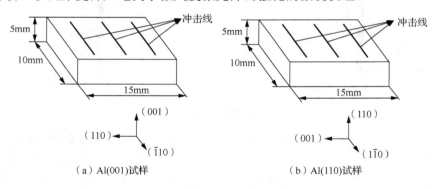

图 8.10　试样几何形状及实验条件

Vukelic 等[34]采用电子背散射衍射测量材料的顶面和横截面上的晶格旋转，借助 X 射线衍射仪表征残余应力，进行单晶铝（110）激光冲击强化的数值模拟和实验研究，以考虑各向异性和惯性项的数值模型来预测变形与残余应力的大小和性质。图 8.11 给出了单晶铝（110）试样在微尺度激光冲击强化后表面凹痕几何形状的实验测试和有限元模拟结果对比[34]。对于取向为（110）的样品，变形宽度（由与冲击线中心的距离表征）约为 180μm，变形深度为 2～2.5μm。应注意的是，数值模型低估了约 30%的变形深度，这是由于建模中所做的假设所致。从图中可以看出，（110）晶体的响应是对称的，对称响应冲击变形范围为冲击线两侧±50μm，变形深度最大达到 2.5μm。图 8.12 为 Al（110）试样的晶格旋转场的实验结果，其中，图 8.12（a）为试样表面的测量结果，图 8.12（b）为试样横截面的测量结果，围绕冲击线中心的旋转是反对称的，冲击线左侧区域代表逆时针旋转（CCW），而冲击线右侧区域代表顺时针旋转（CW），试样晶格自转的幅度在距冲击线中心两侧±55μm，晶格旋转角度达到最大值±4°，在试样的横截面内，晶格旋转角度最大为±2.4°。

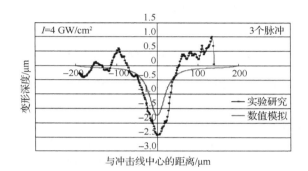

图 8.11　Al（110）试样凹痕轮廓实验与模拟的比较

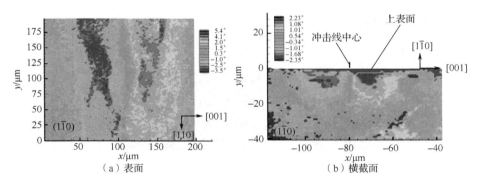

图 8.12　Al（110）试样晶格旋转场的实验结果
冲击次数为 3、功率密度为 4GW/cm²、光斑直径为 12μm

Vukelic 等[34]利用 X 射线微衍射技术为 Al（110）试样测量冲击区域内的残余应力分布，同时对其进行模拟分析，两者的对比图如图 8.13 所示[34]。沿垂直于冲击线的直线进行衍射剖面测量，从图中可知，在距冲击线中心左右两侧 30μm 内为压应力，而在距冲击线中心左右 30～60μm 内为拉应力，数值计算结果与实验测量结果一致，表明冲击线附近表面应力主要是压应力，有利于提高微构件的疲劳寿命。

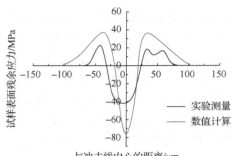

图 8.13　Al（110）试样表面残余应力分布

冲击次数为 3、功率密度为 4GW/cm², 光斑直径为 12μm

8.3.3　微尺度激光冲击强化技术表面形貌和微力学性能

Sealy 和 Guo[35]使用微尺度激光冲击强化技术和 *XY* 自动移动工作台相结合的方式，在 Ti-6Al-4V 表面加工完整性更好的微型凹坑阵列。图 8.14 显示了微尺度激光冲击强化技术获得的典型微型凹坑阵列及其 3D 轮廓图[35]。表面微造型是当今表面工程领域十分关注的表面织构技术，可以显著地改变摩擦副表面的摩擦性能，不仅能提高摩擦系数的稳定性，还能有效地提高接触表面的疲劳寿命。

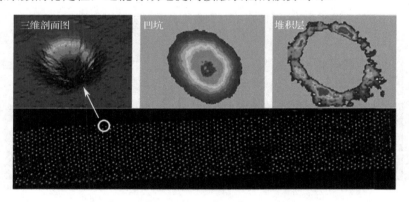

图 8.14　凹坑阵列和单个凹坑的 3D 轮廓

Chen 和 Yao[36]采用同步辐射光源，通过傅里叶变换，分析了铝、铜单晶在激光冲击下的 X 射线微衍射形貌，并测试了沿[001]、[110]和[111]晶向的残余应力分布，结果如图 8.15 所示。压应力最大值为−120MPa，并覆盖一个椭圆形区域，应力分布沿[001]方向延伸±60μm，沿[110]方向从中心延伸±25μm。最大残余拉应力估计为 90MPa，出现在距冲击线中心约 40μm 处的[110]方向，而最小残余拉应力出现在[001]方向。冲击凹痕中心存在压应力，凹坑外侧存在拉应力。此外，残余压应力在[001]比[110]中延伸得更远。

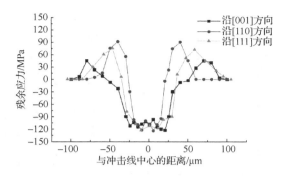

图 8.15　Al（110）试样 X 射线微衍射残余应力分布

Wang 等[37]采用微尺度激光冲击强化的方式对单晶硅衬底上的铜薄膜进行了处理，并用 X 射线微衍射和电子背散射衍射技术测定且分析了包括晶粒结构、晶粒尺寸和亚晶粒结构在内的应力场、位错密度和显微组织的变化。此外，他们分析了单晶硅对于微尺度激光冲击强化的铜薄膜影响。微尺度激光冲击强化前后通过原子力显微镜观察到的表面形貌如图 8.16 所示[37]，通过比较图 8.16（a）和（b），可以清楚地看出，微尺度激光冲击强化之后，晶粒尺寸变得更小并且更均匀，晶粒明显得到细化。由此说明微尺度激光冲击强化技术能有效地提高工件的表面质量。

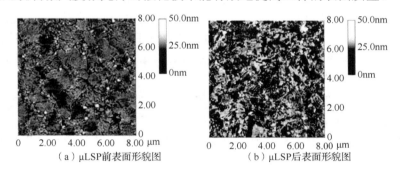

（a）μLSP前表面形貌图　　　　　　　（b）μLSP后表面形貌图

图 8.16　μLSP 前后表面形貌图
冲击次数为 3、功率密度为 4GW/cm2、光斑直径为 12 μm

Che 等对有无进行微尺度激光冲击强化的铝块试样进行了研磨对比试验[38]，其磨损结果如图 8.17 所示。从图中可以看出，强化后的试样表面耐磨性明显提高。在磨损减薄初期，磨损厚度较大，第 3 次磨损厚度最小，此时试样的耐磨性最强。摩擦学和仿生学相关研究与实践表明，具有一定非光滑形态的表面反而具有更好的耐磨性能。在摩擦过程中，凹坑面造型能够使表面摩擦系数很快趋于稳定，使表面的接触疲劳强度得到明显提高；微凹坑可以吸收两种材料对磨产生的氧化磨损颗粒，提高摩擦副的使用寿命，延缓疲劳失效。

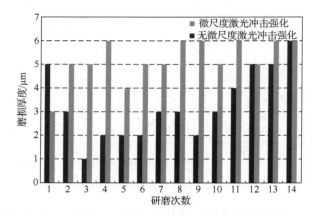

图 8.17　磨损厚度随研磨次数的变化示意图

8.4　激光非晶化

8.4.1　激光非晶化原理及方法

激光非晶化是利用高能量密度的激光束辐照材料表面，在材料表面发生特定物理化学变化后使其快速冷却，从而制备出非晶态组织的工艺过程。非晶态是一类特殊的物质状态，这种状态下，组成物质的原子、分子的空间排列不呈周期性和平移对称性，晶态长程无序，但原子间的相互关联作用使其在原子级的小区间内（1～5nm）仍然保持形貌，短程有序。

非晶态材料主要包括非晶态合金（金属玻璃）、非晶态半导体材料、非晶态超导体材料、非晶态高分子材料和非晶态玻璃等。相比于晶态材料，非晶态材料强度高、韧性好、抗腐蚀性高、具有软磁特性和超导电性，并具备某些特殊光学性质，具有重要的应用价值。

8.4.2　激光非晶化工艺研究

激光非晶化的常用工艺方法分三种，分别是激光脉冲沉积非晶化、激光化学气相沉积非晶化和激光熔覆（重熔）非晶化。

1. 激光脉冲沉积非晶化

激光脉冲沉积非晶化是利用脉冲激光辐照蒸发靶材，使蒸发的材料沉积在基体表面后快速冷却而形成非晶层的工艺方法。武汉理工大学顾少轩[39]采用激光脉冲沉积法在载玻片上沉积了 Ge-Ga-S-CdS 硫系非晶薄膜，利用 XRD、分光光度计、XPS 等测试手段，研究薄膜的结晶形态、光学性质和成分。结果发现，利用激光脉冲沉积法获得了可见光透过率为 80%、光学质量优良、厚度均匀、没有明显缺陷的 Ge-Ga-S-CdS 硫系非晶薄膜。

2. 激光化学气相沉积非晶化

激光化学气相沉积非晶化是在真空室内放置基体，通入反应原料气体，在激光束作用下与基体表面及其附近的气体发生化学反应，在基体表面形成沉积薄膜。该工艺中激光不直接辐照基体，可以避免附加热输入，应用广泛。

浙江大学袁加勇等[40]在玻璃基片上采用激光化学气相沉积法制备了具有良好光电导性的非晶硅，实验结果表明，非晶硅的沉积速率与气室气压、基片温度密切相关。西班牙 Serra 等[41]在 NH_3-SiH_4-Ar 气体中，利用激光化学气相沉积法制备了氮化硅非晶薄膜，并利用多种手段测量了薄膜的折射率、厚度、冶金结合以及其他性能。

3. 激光熔覆（重熔）非晶化

激光熔覆（重熔）非晶化与激光熔覆、激光重熔相似，是将非晶态材料预置于基体表面再进行激光辐照，或通过同步送粉的方式完成激光熔覆再进行重熔的技术。

香港理工大学 Yue 等[42]在纯镁板上用同步送粉法激光熔覆 $Zr_{65}Al_{7.5}Ni_{10}Cu_{17.5}$ 粉末，制备了 1.5mm 的熔覆层，其中有 1.1mm 的非晶层，冶金结合良好，耐磨损、耐腐蚀性能大大提高[43]。中科院武晓雷和洪友士[43]在退火 45 钢表面激光熔覆了 $Fe_{70}Zr_{10}Ni_6A_{14}Si_6B_4$ 粉末，非晶层最大厚度为 0.74mm，显微硬度为 940~980$HV_{0.2}$，非晶层与基体结合良好[43]。

近年来，飞秒激光等超快微细激光为激光非晶化的发展注入了新的动力。利用飞秒激光频率高、热影响区小、控制精度高的特点，可以进行高精度非晶层的制备。Jia 等[44]在利用飞秒激光加工单晶硅时发现，加工区域产生了非晶层，证明了利用飞秒激光实现单晶硅表面非晶化的可行性。Crawford 等[45]利用飞秒激光直接辐照单晶硅，成功地制备出了非晶层。Izawa 等[46]也应用飞秒激光在单晶硅表面制备出超薄、均匀的非晶化。Kiani 等[47]研究了飞秒激光在单晶硅表面制备的非晶层的厚度，发现通过改变加工工艺，可以制备出微纳米尺度的非晶层。Bonse[48]将该工艺应用于渗氮单晶硅的加工中，利用蓝宝石飞秒激光器在渗氮单晶硅表面制备了厚度均匀的非晶层。

Wiggins 等[49]利用飞秒激光辐照 25 nm GeSb 薄膜，进行相变诱导，成功实现了其晶态和非晶态的转变。Huang 等[50]还利用飞秒激光诱导了 GeSbTe 体系薄膜的相变，实现了晶态向非晶态的转变。

8.4.3　激光非晶化的性能

相比于晶态材料，非晶态材料强度高、韧性好、抗腐蚀性高、具有软磁特性和超导电性，并具备某些特殊光学性质，具有重要的应用价值。研究者在对基体材料表面进行非晶化处理后，一般需要对非晶层进行性能测试。随着激光非晶化技术的研究越来越深入，众多研究者对激光非晶层的性能也进行了研究，测试了其硬度、耐磨性能和耐腐蚀性能等。

Li 等[51]利用脉冲激光对中碳钢进行非晶化处理，并测试了获得的镍基非晶层 $Ni_{40.8}Fe_{27.2}B_{18}Si_{10}Nb_4$ 的硬度和耐腐蚀性能，发现经过适当处理，非晶层的微观硬度可达 $1200HV_{0.5}$，而且其在 3.5%NaCl 溶液中的耐腐蚀性能优于 316L 不锈钢。Sahasrabudhe 等[52]在锆材表面利用激光非晶化技术制备了铁基非晶层，测试结果表明，该非晶层的硬度较基体提高了 800%，耐磨性能和耐腐蚀性能均显著提高。Gan 等[53]利用激光非晶化技术在 A283 合金表面制备了多层 $Zr_{65}Al_{7.5}Ni_{10}Cu_{17.5}$ 非晶层，并证明其具有显著的耐腐蚀性能。Yue 等[54]和 Katakam 等[55]分别利用激光非晶化技术在镁合金和 AISI 4130 合金钢表面制备了 $Zr_{65}Al_{7.5}Ni_{10}Cu_{17.5}$ 和 $Fe_{48}Cr_{15}Mo_{14}Y_2C_{15}B_6$ 非晶层，并证明这两种涂层均具有优越的耐磨和耐腐蚀性能。Wu 等[56]研究了利用激光非晶化技术制备大厚度非晶层的可行性，成功地利用激光非晶化技术制备了厚度达 1.2mm 的 $Fe_{57}Co_8Ni_8Zr_{10}Si_4B_{13}$ 非晶层，该非晶层展示了高硬度和优越的耐腐蚀性能。

8.4.4 激光非晶化的应用研究

目前，工件表面非晶化技术在实际工业生产中的应用研究较少，传统的非晶化技术应用主要包括以下情况。首先，利用激光非晶化处理纺纱机钢令跑道，可以使钢令跑道表面的硬度提高至 1000HV 以上，显著提高其耐磨性能，延长使用寿命并降低纺纱断头率。其次，利用激光非晶化处理汽车凸轮轴和铸钢套外壁，可以提高其强度和耐磨蚀性，从而延长其使用寿命。激光非晶化处理还可以用来消除奥氏体焊缝的晶界腐蚀。

超快激光非晶化技术主要用于相变光盘制备，人们利用超快激光的高频率来实现更高精度、更高密度的单点晶态 GeSbTe 系相变薄膜的非晶化相变，从而提高光盘的数据传输效率[57]。

8.5 激光加工表面微纳织构

受动植物表面微纳结构功能的启发，研究者利用激光加工技术在工件表面制备具有一定周期性的高深宽比微纳结构，通过改变其物理、光学性质，实现某种特定功能。这种具备特定功能的微纳结构称为功能性微纳结构。近年来，功能性微纳结构的研究已经逐渐发展成为新兴多学科交叉研究领域的热点[58]。根据不同的功能特性，功能性微纳结构主要分为以下类型。

1. 超疏水微纳结构

超疏水表面是指与水的稳定接触角 θ 大于 150°，并且接触角迟滞可忽略不计的表面。Barthlott 和 Neinhuis[59]对荷叶的疏水特性进行观察研究，发现荷叶表面具有大量的微凸起结构，这些微凸起的大小约 10μm，凸起的间距约 20μm，凸起表面及凸起间覆盖一层尺寸为几百纳米的纳米棒，如图 8.18 所示。研究表明，正是这些微凸起结构，使荷叶具有超疏水的性能。

图 8.18　荷叶疏水结构

受荷叶微纳结构的启发，科学家采用不同手段在材料表面制备出相应的微纳结构，即人造超疏水微纳结构。超疏水微纳结构具有自清洁功能、防雾防冰冻功能、抗腐蚀功能等，可以广泛应用在卫星天线、飞机机翼、现代建筑的玻璃幕墙、太阳能电池等表面，应用前景广阔。

2. 陷光微纳结构

陷光微纳结构通过在材料表面构造相应的微纳结构，利用反射、折射和散射作用，将入射光分散到各个角度，从而改变表面对光的吸收率和反射率，进而改变物体表面的颜色。自然界许多昆虫表现出五颜六色的颜色，就是因为生物体表面有不同的微纳结构。

陷光微纳结构可以改变材料表面对光波的吸收率和反射率，因此可以将这种结构加工到飞机蒙皮上，改变飞机对电磁波的吸收率和反射率，提高飞机的隐身性能。此外，陷光微纳结构可以提高太阳能电池板对光的吸收率，提高工作效率[60]。

3. 减阻减摩微纳结构

在表面构造规律性微凹坑或微沟槽，可以减小材料表面的摩擦力，同时提高材料表面的耐磨性能。Hamilton 等[61]对微结构的减摩理论进行了分析，指出表面微结构的减摩原理来自微结构形成的液体动压润滑。

减阻减摩微纳结构已经被应用于内燃机活塞套筒，有效提高了内燃机的效率和活塞套筒的使用寿命。在轴承表面加工出减阻减摩微纳结构可以减小轴承的摩擦系数。在切削加工刀具表面加工出减阻减摩微纳结构可以降低切削力，减轻刀具磨损[62]。

近年来，加工技术的进步为表面功能性微纳结构的制备提供了相应的条件，学者针对功能性微纳结构的制造技术进行了广泛研究。激光加工技术作为一种高效、高质的加工手段已经在功能性微纳结构的加工中得到广泛应用，由于具有加工精度高、效率高、污染小、热影响区小、应用范围广泛等一系列优点，备受研究者的青睐。其中，超短脉冲激光加工技术由于具有独特的加工特性，不仅能够进行超高精度、超高空间分辨率和超高广泛性的"冷加工"过程，而且可以进行双尺度微结构的加工，应用前景广阔[64]。

针对功能性微纳结构的激光加工技术，研究者从激光器种类、材料去除机理、微纳结构形貌特征和几何参数等方面进行了广泛的研究。

（1）激光器种类。

研究者已经应用各种类型的激光光源实现了功能性微纳结构的加工，从连续激光、纳秒激光（二极管泵浦 Nd:YAG 激光和光纤激光）到目前的皮秒激光、飞秒激光，覆盖波长为 0.249～10.6μm。王匀等[65]利用 Nd:YAG 激光器在 GCr15 钢、H13 钢表面成功制备出了微结构。

（2）材料去除机理。

采用激光加工技术制备微纳结构，首先要确定材料的烧蚀阈值。由于激光能量具有高斯分布特征，在不断增加单脉冲能量时，所加工的凹坑深度只能达到一定的量值；而当增加脉冲次数时，所加工的凹坑深度会增加，但受限于激光能量的高斯分布，加工深度不会无限增加；当其他因素不变而激光的加工频率增加时，凹坑尺寸变小；当其他因素不变而光斑在一定范围内扫描速度减小时，凹坑宽度逐渐增大；当增加扫描次数时，凹坑深度略有增加，质量有所提高。

从能量分析来看，很多研究人员认为金属材料有弱烧蚀阈值和强烧蚀阈值，在弱烧蚀阈值区（激光能量密度在烧蚀阈值和十倍的烧蚀阈值之间），材料去除主要是材料的汽化；而在强烧蚀阈值区（激光能量密度在十倍的烧蚀阈值以上），材料去除主要是由高温作用下材料的汽化以及材料熔化发生液相爆炸导致材料喷出。

（3）微纳结构的形貌特征。

常用的功能性微纳结构包括圆形、方形和椭圆形凹坑，以及凸起、凹槽、网格等。阮鸿雁等对比了三角形、斜面台阶形、圆弧形、矩形、正弦形和多圆弧形六种织构，证明织构类型会影响表面的动压润滑性能。张贵梁等[65]利用激光技术在硬质合金表面制备了一种正弦形微沟槽织构，并在 UMT-2 摩擦磨损试验机上进行直线往复式摩擦磨损试验，结果表明，在相同条件下，正弦形微沟槽表面的减摩性能优于传统直线形微沟槽，且在高载荷和高滑动速度并添加润滑脂的条件下，正弦形微沟槽试样表面的摩擦磨损性能更好。

（4）微纳结构的几何参数。

功能性微纳结构的几何参数主要包括深度、密度、宽度、深径比等。齐烨等[66]研究了圆弧形凹槽织构的深度对动压润滑效果的影响。研究结果表明，当凹槽深度小于 4μm 时，织构的深度越大，承载能力越强，当凹槽深度大于 4μm 时，织构的深度越大，承载能力越弱；当织构的深度在 4μm 左右时，油膜的承载能力达到最强。邓大松等研究了织构宽度对麻花钻加工性能的影响。试验表明，麻花钻的加工性能受织构宽度影响较大，随织构宽度的增加，钻削力呈现先减小后增大的趋势；当织构宽度为 100μm 时，麻花钻加工性能达到最优。洪继伟等[67]的研究表明，在切削淬火 45 钢时，织构深度为 10μm、宽度为 25μm、间距为 50μm 的切削刃平行的横向微织构陶瓷刀具的切削性能最好。

在理论和工艺研究的基础上，研究者应用激光加工技术在材料表面加工出了多种功能的微纳结构。

（1）固体表面亚波长波纹结构。

激光诱导周期亚波长波纹结构已经被广泛研究数十年，并应用于金属、陶瓷、有机物和半导体等材料表面。

美国罗切斯特大学郭春雷研究组[68,69]利用飞秒激光，分别在金属 Au 和 Pt 表面制备了周期结构，这种结构的周期小于入射激光波长，并且波纹结构上有纳米絮状、纳米突触等各种随机纳米结构的覆盖，对激光能接近于全部吸收。周明等[72]应用飞秒脉冲在厚的不锈钢（65Mn）表面进行微加工，在其表面制造了多种微纳米尺寸结构，其中包括纳米尺寸的孔和柱状结构。

（2）固体表面光学性能调控微纳结构。

2007 年，郭春雷研究组的 Vorobyev 等[69]利用飞秒激光以扫描方式在金属 Al 表面进行金属着色的实验研究，通过实验参数的控制实现了金属表面呈现彩色、灰色、黑色、金色等多种颜色并利用飞秒激光制备出了微米光栅沟槽结构的黑色金属钛，具备了更强的光波吸收性能。国内的 Yang 等[70]利用飞秒激光处理钛合金表面，增强了吸波性能。

哈佛大学 Eric Mazur 研究团队的 Her 等[71]在 1998 年首次发现"黑硅"。黑硅不但具有高的光吸收特性，而且由其制作的光电二极管对可见光和近红外光具有很强的电灵敏性，黑硅还具有独特的荧光特性，通过对表面进一步硅烷化处理，在黑硅表面还可以获得超疏水特性。

（3）固体材料表面润湿性能调控微纳结构。

2009 年，江苏大学 Wu 等[72]利用飞秒激光在金属表面诱导周期波纹结构和双尺寸微纳结构后，对微构造的粗糙表面进行硅烷化处理，使其表面具备了超疏水特性，表面接触角最大可达 150.3°。2010 年，Wang 等[73]采用阳极化处理和阳极化与激光技术相结合的方法在金属铁表面制备了微纳疏水结构。

在激光诱导金属表面亲水性的研究方面，2006 年，Mele 等[74]利用激光干涉法在有机薄膜上制备光栅结构，微结构表面展现出光控特性和可转变的润湿特性。2009年，Vorobyev 和 Guo[75,76]利用飞秒激光对制备出的黑色金属钛进行润湿特性研究，结果表明其具备"灯芯效应"，也就是液体能逆着重力方向沿着微沟槽方向运动，速度可达 1cm/s，证明微米沟槽附着的纳米结构与空气分子相比具有更大的亲和力。随后，他们在硅、玻璃、象牙和人类牙齿表面制备了可以使水倒流的微纳结构[77,78]。

参 考 文 献

[1] 陈小明, 王海金, 周夏凉, 等. 激光表面改性技术及其研究进展[J]. 材料导报, 2018（A1）: 341-344.

[2] 王秀彦, 安国平, 李栋, 等. 模具表面的激光非熔凝加工的应用研究综述[J]. 北京工业大学学报, 2001, 27（4）: 415-419.

[3] 肖红军, 彭云, 马成勇, 等. 激光表面改性[J]. 表面技术, 2005, 34（5）: 10-12.

[4] 张文, 曾小安, 王浩然, 等. 锆合金表面涂层技术研究现状[J]. 机械工程师, 2017（1）: 45-47.

[5] 姚建华. 激光表面改性技术及其应用[M]. 北京: 国防工业出版社, 2012.

[6] 李伟, 何卫锋, 李应红, 等. 激光冲击强化对 K417 材料振动疲劳性能的影响[J]. 中国激光, 2009, 36（8）: 2197-2201.

[7] 潘存良. 激光熔覆高铬铁基/Ti 熔覆层组织与性能研究[D]. 兰州: 兰州理工大学, 2019.

[8] MAZUMDER J, DUTTA D, KIKUCHI N, et al. Closed loop direct metal deposition: Art to part[J]. Optics & Lasers in Engineering, 2000, 34（4-6）: 397-414.

[9] VILAR R. Laser cladding[J]. Journal of Laser Applications, 1999, 11（2）: 385-392.

[10] GAUMANN M, RUSTERHOLZ H, BAUMANN R, et al. Single crystal turbine components repaired by epitaxial laser metal forming[J]. Materials for Advanced Powder Engineering, 1998, 1479: 1-6.

[11] PEI Y T, HOSSON J. Producing functionally graded coatings by laser-powder cladding[J]. JOM E, 2000, 52（1）: 641-647.

[12] 阿拉法特·买尔旦. 镍基合金激光熔覆再制造技术的工艺基础研究[D]. 乌鲁木齐: 新疆大学, 2017.

[13] TANG Y, LOH H T, WONG Y S, et al. Direct laser sintering of a copper-based alloy for creating three-dimensional metal parts[J]. Journal of Materials Processing Technology, 2003, 140（1-3）: 368-372.

[14] FENG J, FERREIRA M G S, VILAR R. Laser cladding of Ni-Cr/Al₂O₃ composite coatings on AISI 304 stainless steel[J]. Surface & Coatings Technology, 1997, 88（1-3）: 212-218.

[15] FRENK A, KURZ W. High speed laser cladding: solidification conditions and microstructure of a cobalt-based alloy[J]. Materials Science & Engineering A, 1993, 173（1-2）: 339-342.

[16] PRZYBYLOWICZ J, KUSINSKI J. Laser cladding and erosive wear of Co–Mo–Cr–Si coatings[J]. Surface & Coatings Technology, 2000, 125（1-3）: 13-18.

[17] LUSQUINOS F, POU J, ARIAS J L, et al. Laser surface cladding: A new promising technique to produce calcium phosphate coatings[J]. Key Engineering Materials, 2002, 218-220: 187-190.

[18] AUDEBERT F, COLACO R, VILAR R, et al. Production of glassy metallic layers by laser surface treatment[J]. Scripta Materialia, 2003, 48（3）: 281-286.

[19] 高慧, 陈斌. 耐火材料模具激光熔覆技术研究[J]. 应用激光, 2016（3）: 269-275.

[20] BERGAN P. Implementation of laser repair processes for navy aluminum components[C]. Diminishing Manufacturing Sources and Material Shortages Conference, Published on the Web. The Department of Defense, 2000.

[21] KATHURIA Y P. Some aspects of laser surface cladding in the turbine industry[J]. Surface & Coatings Technology, 2000, 132（2）: 262-269.

[22] SHEPELEVA L, MEDRES B, KAPLAN W D, et al. Laser cladding of turbine blades[J]. Surface & Coatings Technology, 2000, 125（1-3）: 45-48.

[23] 安晓燕. 激光再制造传动件熔覆层显微组织形貌分析[J]. 港口装卸, 2019 (6): 4-8.

[24] 耿振. 氮弧熔覆 TiN-TiB$_2$/Fe 基复合涂层组织与耐磨性研究[D]. 保定: 河北农业大学, 2015.

[25] TANAKA Y, NAGAI S, USHIDA M, et al. Large engine main-tenance technique to support flight operation for commercial airlines[J]. Technical Review, Mitsubishi Heavy Industries Ltd, 2003, 40 (2): 5.

[26] CHEN B, MOON S K, YAO X, et al. Strength and strain hardening of a selective laser melted AlSi$_{10}$Mg alloy[J]. Scripta Materialia, 2017, 141: 45-49.

[27] LI W, LI S, LIU J, et al. Effect of heat treatment on AlSi$_{10}$Mg alloy fabricated by selective laser melting: Microstructure evolution, mechanical properties and fracture mechanism[J]. Materials Science and Engineering A, 2016, 663 (29): 116-125.

[28] GREMAUD M, ALLEN D R, RAPPAZ M, et al. The development of nucleation controlled microstructures during laser treatment of Al-Si alloys[J]. Acta Materialia, 1996, 44 (7): 2669-2681.

[29] CHEN H Q, WANG Y N, KYSAR J W, et al. Study of anisotropic character induced by microscale laser shock peening on a single crystal aluminum[J]. Journal of Applied Physics, 2007, 101 (2): 024904.

[30] FAIRAND B P, CLAUER A H, READY J F. Industrial applications of high power laser technology[J]. Proceedings of SPIE, 1976, 86: 112-121.

[31] 李应红. 激光冲击强化理论与技术[M]. 北京: 科学出版社, 2013.

[32] 周建忠, 樊玉杰, 黄舒, 等. 激光微喷丸强化技术的研究与展望[J]. 中国激光, 2011 (6): 17-27.

[33] CHEN H Q, KYSAR J W, YAO Y L. Characterization of plastic deformation induced by microscale laser shock peening[J]. Journal of Applied Mechanics, 2004, 71 (5): 713-723.

[34] VUKELIC S, WANG Y N, KYSAR J W, et al. Dynamic material response of aluminum single crystal under microscale laser shock peening[J]. Journal of Manufacturing Science & Engineering, 2009, 131 (3): 031015.

[35] SEALY M P, GUO Y. Surface integrity and process mechanics of laser shock peening of novel biodegradable magnesium-calcium (Mg-Ca) alloy [J]. Journal of the Mechanical Behavior of Biomedical Materials, 2010, 3 (7): 488-496.

[36] CHEN H Q, YAO Y L. Lawrence, Kysar J W, et al. Fourier analysis of X-ray micro-diffraction profiles to characterize laser shock peened metals[J]. International Journal of Solids & Structures, 2005, 42 (11): 3471- 3485.

[37] WANG Y N, CHEN H Q, KYSAR J W, et al. Response of thin films and substrate to micro scale laser shock peening[J]. Journal of Manufacturing Science & Engineering, 2007, 129 (3): 485-496.

[38] CHE Z G, XIONG L C, SHI T L, et al. Experimental analysis of microscale laser shock processing on metallic material using excimer laser[J]. Journal of Material Science & Engineering, 2009, 25 (6): 829-834.

[39] 顾少轩. 脉冲激光沉积 Ge-Ga-S-CdS 非晶薄膜[J]. 国外建材科技, 2007, 28 (6): 5-7.

[40] 袁加勇, 陈钮清, 陈曾济, 等. 激光化学气相沉积非晶硅[J]. 中国激光, 1990, S1: 164-166.

[41] SERRA J, SZRÉNYI T, FERNÁNDEZ D, et al. Deposition of amorphous silicon nitride thin films by CO$_2$ laser-induced chemical vapour deposition[J]. Journal of Non-Crystalline Solids, 1995, 187: 353-360.

[42] YUE T M, SU Y P, YANG H O. Laser cladding of Zr$_{65}$Al$_{7.5}$Ni$_{10}$Cu$_{17.5}$ amorphous alloy on magnesium[J]. Materials Letters, 2007, 61 (1): 209-212.

[43] 武晓雷, 洪友士. 激光熔覆铁基大厚度非晶合金表层的研究[J]. 材料热处理学报, 2001, 22 (1): 51-54.

[44] JIA J, LI M, THOMPSON C V. Amorphization of silicon by femtosecond laser pulses[J]. Applied Physics Letters, 2004, 84 (16): 3205-3207.

[45] CRAWFORD T H R, YAMANAKA J, BOTTON G A, et al. High-resolution observations of an amorphous layer and subsurface damage formed by femtosecond laser irradiation of silicon[J]. Journal of Applied Physics, 2008, 103 (5): 053104.

[46] IZAWA Y, IZAWA Y, SETSUHARA Y, et al. Ultrathin amorphous Si layer formation by femtosecond laser pulse irradiation[J]. Applied Physics Letters, 2007, 90 (4): 044107.

[47] KIANI A, VENKATAKRISHNAN K, TAN B. Micro/nano scale amorphization of silicon by femtosecond laser irradiation[J]. Optics Express, 2009, 17 (19): 16518-16526.

[48] BONSE J. All-optical characterization of single femtosecond laser-pulse-induced amorphization in silicon[J]. Applied Physics A, 2006, 84（1-2）: 63-66.

[49] WIGGINS S M, SOLIS J, AFONSO C N. Influence of pulse duration on the amorphization of GeSb thin films under ultrashort laser pulses[J]. Applied Physics Letters, 2004, 84（22）: 4445-4447.

[50] HUANG S Y, ZHAO Z J, SUN Z. Investigation of phase changes in $Ge_1Sb_4Te_7$films by single ultra-fast laser pulses[J]. Applied Physics A, 2006, 82（3）: 529-533.

[51] LI R F, LI Z G, HUANG J, et al. Dilution effect on the formation of amorphous phase in the laser cladded Ni–Fe–B–Si–Nb coatings after laser remelting process[J]. Applied Surface Science, 2012, 258（20）: 7956-7961.

[52] SAHASRABUDHE H, BANDYOPADHYAY A. Laser processing of Fe based bulk amorphous alloy coating on zirconium[J]. Surface and Coatings Technology, 2014, 240: 286-292.

[53] GAN Y, WANG W X, GUAN Z S, et al. Multi-layer laser solid forming of $Zr_{65}Al_{7.5}Ni_{10}Cu_{17.5}$ amorphous coating: Microstructure and corrosion resistance[J]. Optics & Laser Technology, 2015, 69: 17-22.

[54] YUE T, SU Y P, YANG H. Laser cladding of $Zr_{65}Al_{7.5}Ni_{10}Cu_{17.5}$ amorphous alloy on magnesium[J]. Materials Letters, 2007, 61（1）: 209-212.

[55] KATAKAM S, KUMAR V, SANTHANAKRISHNAN S, et al. Laser assisted Fe-based bulk amorphous coating: Thermal effects and corrosion[J]. Journal of Alloys and Compounds, 2014, 604: 266-272.

[56] WU X, HONG Y. Fe-based thick amorphous-alloy coating by laser cladding[J]. Surface and Coatings Technology, 2001, 141（2-3）: 141-144.

[57] 黄素梅, 靳彩霞, 黄士勇, 等. 单脉冲飞秒激光作用下晶态 $GeSb_2Te_4$ 相变薄膜的非晶化过程[C]. 全国激光加工学术会议, 中国激光, 2006.

[58] 姜涛, 杨宏青, 董志伟, 等. 超短脉冲激光加工超疏水功能性微结构表面[J]. 工具技术, 2015, 5: 89-91.

[59] BARTHLOTT W, NEINHUIS C. Purity of the sacred lotus, or escape from contamination inbiological surfaces[J]. Planta, 1997, 202: 1-8.

[60] 吴奉炳, 张大伟. 太阳能电池中微纳陷光光栅结构[J]. 激光杂志, 2010（5）: 17-19.

[61] HAMILTON D B, WALOWIT J A, ALLEN C M. A theory of lubrication by microirregularities[J]. Journal of Basic Engineering, 1966, 88（1）: 177-185.

[62] XING Y Q, DENG J X, WU Z, et al. Analysis of tool-chip interface characteristics of self-lubricating tools with nanotextures and WS_2/Zr coatings in dry cutting[J]. The International Journal of Advanced Manufacturing Technology, 2018, 97（5-8）: 1637-1647.

[63] MEIJER J, DU K M, GILLNER A, et al. Laser machining by short and ultrashort pulses, state of the art and new opportunities in the age of the photons[J]. CIRP Annals, 2002, 51（2）: 531-550.

[64] 王勺, 曾亚维, 陈立宇, 等. 表面织构在脂润滑条件下的摩擦性能研究[J]. 润滑与密封, 2017, 4: 43-47.

[65] 张贵梁, 邓建新, 葛栋良, 等. 硬质合金表面正弦微织构对其摩擦磨损性能的影响研究[J]. 工具技术, 2018, 2: 12-17.

[66] 齐烨, 常秋英, 沈宗泽, 等. 表面织构的深度影响润滑油膜承载能力的机制研究[J]. 润滑与密封, 2012, 37（5）: 39-42.

[67] 洪继伟, 魏昕, 谢小柱, 等. 表面微织构 Al_2O_3-TiC 陶瓷刀具的切削性能研究[J]. 机械设计与制造, 2017, 8: 120-122.

[68] VOROBYEV A Y, GUO C L. Enhanced absorptance of gold following multipulse femtosecond laser ablation[J]. Physical Review B, 2005, 72（19）: 195422.

[69] VOROBYEV A Y, GUO C L. Effects of nanostructure-covered femtosecond laser-induced periodic surface structures on optical absorptance of metals[J]. Applied Physics A, 2007, 86（3）: 321-324.

[70] YANG Y, YANG J J, LIANG C Y, et al. Ultra-broadband enhanced absorption of metal surfaces structured by femtosecond laser pulses[J]. Optics Express, 2008, 16（15）: 11259-11265.

[71] HER T H, FINLAY R J, WU C, et al. Microstructuring of silicon with femtosecond laser pulses[J]. Applied Physics Letters, 1998, 73（12）: 1673-1675.

[72] WU B, ZHOU M, LI J, et al. Superhydrophobic surfaces fabricated by microstructuring of stainless steel using a femtosecond laser[J]. Applied Surface Science, 2009, 256（1）: 61-66.

[73] WANG D A, WANG X L, LIU X J, et al. Engineering a titanium surface with controllable oleophobicity and switchable oil adhesion[J]. Journal of Physical Chemistry C, 2010, 114（21）: 9938-9944.

[74] MELE E, PISIGNANO D, VARDA M, et al. Smart photochromic gratings with switchable wettability realized by green-light interferometry[J]. Applied Physics Letters, 2006, 88（20）: 203124.

[75] VOROBYEV A Y, GUO C L. Metal pumps liquid uphill[J]. Applied Physics Letters, 2009, 94（22）: 224102.

[76] VOROBYEV A Y, GUO C L. Laser turns silicon superwicking[J]. Optics Express, 2010, 18（7）: 6455-6460.

[77] VOROBYEV A Y, GUO C L. Making human enamel and dentin surfaces superwetting for enhanced adhesion[J]. Applied Physics Letters, 2011, 99（19）: 193703.

[78] 周明, 袁冬青, 李健, 等. 飞秒激光辐射诱导金属表面微纳米研究[J]. 光谱学与光谱分析, 2009, 29（6）: 1454-1458.

第9章　激光复合微纳制造技术

近年来，随着激光器技术的发展和进步，激光微纳制造技术得到了迅速发展，被广泛应用于各种金属、陶瓷、半导体、玻璃等材料的微型零件的精密制造领域，被誉为"未来的万能加工工具"。但是单一的激光微纳制造技术也有其局限性，局部的高热输入容易造成被加工零件的微裂纹、热变形等质量缺陷，并不能完全满足人们对先进制造技术的要求和期望。激光复合微纳制造技术是将激光微纳制造技术与其他能量场或加工工艺有机整合，利用两种或两种以上能量场或加工工艺对零件进行微纳加工的一种复合制造技术。该技术既弥补了单一能量场或加工工艺加工零件时产生的质量缺陷，又解决了单一能量场或加工工艺无法实现的材料加工难题，是一种更高质量、更高效率的零件微纳制造技术。

9.1　激光复合焊接技术

9.1.1　激光复合焊接技术工作原理

1. 激光-电弧复合焊接技术

激光焊接技术是通过高能量密度的激光束照射工件使工件待焊接位置的材料达到熔融状态实现焊接作业的，而电弧焊接是将焊接工件和焊条分别作为电极的正负极，通过两极靠近产生电弧使工件和焊条熔化完成焊接作业的。激光-电弧复合焊接技术就是通过一定装置将激光辐射热源和电弧热源两种能量场有机整合，并同时施加到焊接工件的焊缝位置，利用两种热源的复合作用实现工件焊接的一种高效精密焊接技术。经过多年研究和开发，激光-电弧复合焊接技术的实现形式主要有激光-TIG 复合焊接技术、激光-MIG/MAG 复合焊接技术、激光-等离子弧复合焊接技术等。

激光-电弧复合焊接技术原理如图 9.1 所示。激光-电弧复合焊接技术在工作时，激光辐射热源和电弧热源两种能量场共同作用在焊接工件的同一位置，同时对工件进行焊接作业。两种能量场协同配合，焊接作用机理包括

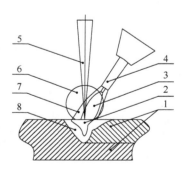

图 9.1　激光-电弧复合焊接技术原理图

1-焊接工件；2-匙孔；3-电弧；4-焊枪；5-激光束；
6-等离子体；7-保护气体；8-熔池

光电效应、激光引导热电子发射效应、光电流效应、逆轫致吸收效应、激光诱导等离子体效应五种物理效应[1]：两种能量场都在焊接工件上方产生等离子体，电弧热源产生的低温低密度等离子体对激光辐射热源产生的高温高密度等离子体起到了吹散和稀释的作用，增强激光束的透过性，提高了激光辐射热源的能量利用率；激光辐射热源对金属的熔化作用所产生的自由电子为电弧热源焊接作业提供了低电阻的电弧通道，使电弧燃烧稳定，提高了电弧热源的能量利用率；两种能量场互为第二加工热源，延长了焊接金属的凝固时间，提高了焊接熔深，降低了焊接作业对客观条件的要求。

2. 激光-电、磁场复合焊接技术

激光-电、磁场复合焊接技术是在激光焊接技术的基础上外加电、磁场作用于激光焊接过程达到辅助激光焊接的一种复合焊接技术。该技术的具体实现形式按照外加电、磁场的不同可以分为激光-电场复合焊接技术、激光-磁场复合焊接技术和激光-电场-磁场复合焊接技术三种。

激光在焊接作业时，由激光辐射热源产生的激光束与工件之间的高温等离子体会对激光的加工过程产生不利影响：等离子体会通过散射、反射、折射以及吸收激光能量等形式使入射激光束产生能量损失，降低激光束的通过性和焊接能量利用率并最终导致焊接工件的质量缺陷。极端情况下，上述情形会严重影响激光焊接工艺参数，造成焊接作业失效或无法继续实施。因此，在激光焊接作业时对由激光辐射热源产生的等离子体进行有效控制和引导，使其有利于焊接作业过程，是提高激光焊接作业质量的一条重要途径。大量研究认为[2]，等离子体中的带电粒子密度和等离子体形态是影响激光焊接加工的关键因素，为改善焊接作业质量，必须对等离子体的密度和分布进行控制。

激光-电、磁场复合焊接技术原理如图 9.2 所示。在激光焊接装置的基础上外加电、磁场产生装置，并使电、磁场的作用范围覆盖整个产生等离子体的焊接作业区域。工作时，激光辐射热源在焊接区域产生的等离子体云中有大量的带电粒子，带电粒子在外加电、磁场力的作用下会产生定向运动，通过调节电、磁场力的控制参数

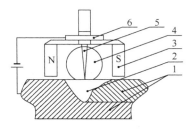

图 9.2　激光-电、磁场复合焊接技术原理图
1-焊接工件；2-熔池；3-磁极；4-等离子体；5-激光束；6-电极

可以有效地将带电粒子驱离焊接作业通道，提高激光束的通过性和能量利用率；另外，根据磁流体动力学原理，外加电、磁场对焊接熔池内的金属流体起到电磁搅拌作用，改善熔池内液体金属的传热、传质过程。在此基础上，合理调节激光的焊接工艺参数可以得到良好的焊接作业效果。

9.1.2　激光复合焊接技术加工特点

1. 激光-电弧复合焊接技术

激光-电弧复合焊接技术既克服了激光焊接技术和电弧焊接技术单独使用时对焊接质量的各种不良影响,又充分发挥了各自的焊接作业优势,有效减少了焊缝处的气孔、夹渣、微裂纹、咬边、小变形等质量缺陷;改善了焊缝与基体的润湿性,提高了焊缝的力学性能;降低了对焊接工装设备的苛刻要求。

激光-电弧复合焊接技术的焊接工艺质量与焊接时采用的激光、电弧的各项工艺参数有关;除此之外,在激光-电弧复合焊接技术中用到的激光种类和电弧种类都不是固定不变的,不同种类的焊接复合形式获得的焊接工艺质量也可能不同。

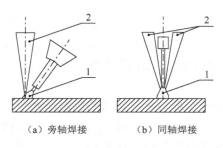

（a）旁轴焊接　　（b）同轴焊接

图 9.3　激光-电弧复合焊接技术位置关系图
1-电弧;2-激光束

激光-电弧复合焊接技术根据两种能量场的位置不同可以设计为在工件同侧焊接和在工件异侧焊接两种,根据两种能量场是否同轴又分为旁轴焊接和同轴焊接两种。图 9.3 为两种能量场与焊接工件的位置关系图。

2. 激光-电、磁场复合焊接技术

在激光-电、磁场复合焊接技术中外加电、磁场的作用有两个[3]:一是通过外加电、磁场的作用力有效驱离带电粒子,减小等离子体云对激光焊接作业的不利影响,提高激光能量利用率,增加激光焊接工艺参数对焊接作业质量控制的准确度;二是通过外加电、磁场的作用力改变工件焊接处熔池材料的传质、传热等内在作用机理,达到提高焊接作业质量的目的。

外加电、磁场的强度必须与激光焊接工艺参数相匹配并根据焊接条件的变化进行控制、调整,务求达到最佳的焊接质量。总体来讲,外加电、磁场与激光焊接工艺参数的设置大致存在如下规律:一是在激光焊接装置中只添加电场时,电场极性的施加通常都是工件接电源正极,焊接喷嘴接电源负极;电场强度由激光焊接功率决定,激光焊接功率较大时,外加电场强度不能过大,否则过大的电场力会使带电粒子速度增加导致的碰撞概率变大,加速粒子电离,增加电子密度,增强等离子体对激光束的不良作用。二是在激光焊接装置中只添加磁场时,外加磁场通过改变等离子体的形状及等离子体中带电粒子的密度和温度来辅助激光焊接加工。外加磁场的方向通常与焊接工件表面平行且与激光焊接方向垂直[4],外加磁场的强度取决于带电粒子中自由电子需要的漂移半径和漂移速度[5]。三是在激光焊接装置中同时添加电

场和磁场时，选择合适的电、磁场以及激光焊接工艺参数能够比上述两种情况更有效地控制等离子体云的密度和形态，获得更好的激光通过性和焊接质量[6]。

9.1.3 激光复合焊接技术在微纳制造中的应用研究

1. 激光-电弧复合焊接技术

激光-电弧复合焊接技术整合了激光焊接技术和电弧焊接技术的优点，弥补了两者的缺点，具有广阔的应用和发展前景。其中，激光-TIG 复合焊接技术主要用于薄板金属的焊接，尤其适合焊接高热导率的金属；激光-MIG/MAG 复合焊接技术主要用于中厚板以及铝合金等难焊金属的焊接；激光-等离子弧复合焊接技术主要用于薄板对接以及钛、铝合金等高反射率和高热导率材料的焊接等。

激光-电弧复合焊接技术已经广泛应用于船舶制造、汽车制造、油气管道制造与维修、高速列车制造、航空航天等领域。美国海军利用激光-MIG/MAG 复合焊接技术对造船用钢板进行焊接，其单道焊的熔深为 15mm，双道焊的熔深达到了 30mm。德国大众汽车制造公司将激光-MIG/MAG 复合焊接技术大量应用于汽车车身焊缝的焊接作业中。此外，该公司还设计了激光-MIG/MAG 复合焊接接头，该焊接接头在各个焊接方向上的调节精度达到了 0.1mm。德国 Vietz 公司与 BIAS 研究所共同开发了石油输送管道的周向全位置的激光-电弧复合焊接技术。不仅如此，BIAS 研究所还将激光-MIG/MAG 复合焊接技术应用于高速列车的铝合金蜂窝板结构的铝合金焊接工作中，对于 8mm 厚的铝合金焊缝，不仅一次焊透，而且焊接质量优良，焊接速度更是达到了惊人的 6m/min。哈尔滨工业大学、上海航天精密机械研究所将激光-MIG/MAG 复合焊接技术应用到航天结构件的焊接工作中，对 7mm 厚的 3CrMnSiA 材料实现了无预热焊接。

除此之外，德国弗朗霍夫激光技术研究所以及奥地利福尼斯公司分别设计开发了各自的商业化激光-电弧复合焊接接头，其结构图如图 9.4[1]和图 9.5[1]所示，具有结构紧凑、灵活、易于调节、重复精度高等特点，进一步拓宽了激光-电弧复合焊接技术的工程应用前景。

图 9.4 德国弗朗霍夫激光技术研究所复合焊接接头　　图 9.5 奥地利福尼斯公司复合焊接接头

2. 激光-电、磁场复合焊接技术

激光-电、磁场复合焊接技术能够较好地稳定焊接过程，细化焊接组织，增加焊缝区硬度，提高焊缝区强度，大幅度减少气孔焊接缺陷，进一步改善焊缝质量。在对激光反射率高，焊接时易出现气孔、裂纹等缺陷的材料的精细焊接中得到了一定应用。

Xiao 等[7]利用激光-电场复合焊接技术焊接纯铝。试验结果表明，焊缝熔深增加32%，面积增加 20%，上部宽度减小约 28%。

目前来看，单纯的激光焊接技术在微纳米尺寸的材料焊接中的应用已经在多个工业领域得到广泛研究。例如，Lingenfelter 等利用多模脉冲激光器实现了厚度小于10μm 的超薄金属箔的激光焊接，利用单模光纤激光器实现了厚度分别为 10μm 和30μm 的超薄不锈钢箔的重叠激光焊接[8]。但激光复合焊接技术在微纳米尺寸焊接中的应用研究还远没有充分开展和推广，必须加以重视，并在激光复合焊接技术装备、微纳焊接激光器、微纳焊接复合作用机理、微纳焊接特性分析及质量控制等领域进行重点研究，使激光复合焊接技术在微纳制造中的应用朝着精密化、快速化和准确化的方向发展，并期望在传感器、电子和光电子、首饰加工、微型机械制造、医学和航天等领域获得广泛应用。

9.2　激光复合切割/打孔/刻划技术

9.2.1　激光复合切割/打孔/刻划技术工作原理

1. 激光-电火花复合切割/打孔技术

电火花加工技术是在一定的介质中，利用工具电极和工件电极之间的间隙，通过脉冲放电产生的电蚀作用对工件进行加工的一种技术。进行电火花加工时，工具与工件不直接接触，两者始终存在一定的微小间隙，脉冲性火花放电在工具和工件电极间不断发生，利用放电处产生的瞬时高温使工件熔化、蚀除，故又称为放电加工或电蚀加工技术。

激光-电火花复合切割/打孔技术是将激光加工工艺与电火花加工工艺进行复合而成的一种精密微细加工方法。激光-电火花复合切割/打孔技术可分为同步复合加工技术和异步复合加工技术两种。

同步复合加工技术主要是指在工件的加工过程中以电火花加工为主、激光加工为辅的激光辅助电火花复合加工技术。该技术中的激光加工辅助作用主要是指在对工件进行电火花加工前先利用激光对工件进行预加热，改变工件加工位置的组织特性和力学性能，最终达到改善加工条件、提高加工效率和加工质量的目的。

异步复合加工技术是指对工件分别进行激光加工和电火花加工。该技术有两种实现形式：一种是激光加工在前，电火花加工在后，具体讲就是先用激光加工技术对工件进行预加工，加工出有利于电火花加工的工艺孔；再利用电火花加工对工件进行精加工，实现对精密微细孔及切割面的精确、高效加工。另一种是电火花加工在前，激光加工在后，工作时先利用电火花加工对工件进行表面强化加工，再通过激光加工技术在强化后的工件表面加工出各种具有特定性能的表面微织构。

2. 激光-电解射流复合切割/打孔技术

利用激光切割/打孔技术加工出的工件的质量缺陷主要是由激光加工过程中产生的热影响区、重铸层和微裂纹引起的。如果能采取措施改善热影响区的集中分布、减小重铸层的厚度、杜绝微裂纹的产生，将大大提高激光加工的工件质量。

电解射流加工技术是一种利用高速电解射流冲击到工件表面时产生的包括电化学作用在内的复杂作用机理蚀除材料的加工技术[9]。通过该技术加工的工件表面具有无裂纹、无变质层、无残余应力、不产生残余变形等优点，但利用该技术加工出的孔的锥度较大。

激光-电解射流复合切割/打孔技术就是将激光加工技术和电解射流加工技术通过一定装置整合在一起，充分发挥两种加工技术的优势，同时对工件进行加工的一种复合加工技术。其原理如图 9.6 所示。工作时，激光-电解射流复合切割/打孔技术对工件的加工作用主要有以下方面：一是高速电解射流通过电化学作用对工件进行蚀除加工；二是高能激光束经过电解射流引导至工件位置对工件进行熔融加工；三是激光辐射使电解射流温度升高，形成电解射流热化学加工；四是高速电解射流冲击到工件上时对工件具有一定的冲击作用，可将激光熔融加工出的废料冲洗掉，减小重铸层的厚度；五是高速电解射流对激光熔融加工后的工件表面具有一定的降温作用，能有效减小热影响区的范围，避免微裂纹的产生。

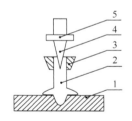

图 9.6　激光-电解射流复合切割/打孔
技术原理图
1-工件；2-电解射流；3-喷嘴；
4-激光束；5-聚焦透镜

3. 激光-微纳探针复合刻划技术

扫描探针显微镜（SPM）是一种通过微纳探针扫描被测物体形貌并输出成像，对被测物体形状、位置的尺寸信息进行描述的一类先进、新型显微镜，主要包括扫描隧道显微镜（STM）、原子力显微镜、扫描近场光学显微镜（SNOM）等。该类显微镜的特点是能够高精度、高分辨率地探测物体分子、原子的形状尺寸及多种物理特性，在物理、化学、材料学、生物学及微电子学等领域得到了广泛应用。

激光-微纳探针复合刻划技术就是将激光加工技术与扫描探针显微镜的微纳检测技术相结合开发出的一种新型、高效的材料微纳尺度的精密加工技术。

激光-微纳探针复合刻划技术原理如图 9.7 所示。该系统主要包括三部分：一是提供加工能量的激光器及其光路控制系统；二是用于接收能量并对工件进行加工和位置检测的加工控制系统；三是对加工信息进行反馈和显示的检测系统。工作时，首先由加工激光器输出激光并沿光路控制系统传送到探针上，探针接收激光能量后在探针针尖与工件之间形成一个强的近场增强场，利用该增强场对工件进行加工。

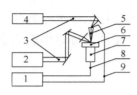

图 9.7　激光-微纳探针复合刻划
加工技术原理图

1-控制计算机；2-加工激光器；3-光路控制系统；
4-扫描激光器；5-探针；6-工件；7-扫描仪；
8-运动控制信号；9-位置检测反馈信号

在整个加工过程中，探针的位置是固定不动的，通过扫描仪的扫描运动可带动工件运动，利用工件与探针之间的相对运动便可加工出不同形状的微纳结构。检测系统的作用是将加工中的加工位置信息实时反馈并通过加工控制系统对加工信息进行实时调整和控制。

4. 激光-超声复合切割/打孔技术

激光-超声复合切割/打孔技术是通过特定装置将激光加工技术与超声振动加工技术复合在一起，以激光加工技术为主、超声振动加工技术为辅的一种精细加工技术。其原理如图 9.8 所示。

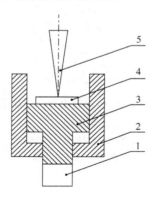

图 9.8　激光-超声复合切割/打孔
技术原理图

1-超声振动器；2-工作台；3-超声振动平台；
4-工件；5-激光束

工作时，整个加工系统分为三部分：一是激光加工系统，激光器产生的激光通过控制光路照射到工件的加工位置，通过辐射工件产生的瞬时热效应在垂直方向上对工件进行烧蚀加工；二是超声振动系统，超声振动器在激光加工的同时带动工件沿垂直方向做高频率的微米级振幅的超声振动，通过超声振动带动加工区域的空气流动起到降温冷却和稀释等离子体云的作用，同时对加工的残渣、废屑达到振动抛出的目的；三是工作台平移系统，通过工作台平移装置带动超声振动器和工件一起在与激光加工方向垂直的水平面内按一定的加工进给速度做直线或曲线运动，实现槽或面的连续加工。

9.2.2　激光复合切割/打孔/刻划技术加工特点

1. 激光-电火花复合切割/打孔技术

利用电火花加工技术对较硬材料进行加工时存在加工效率低、加工精度差、工具电极磨损严重等缺点，利用激光-电火花同步复合加工技术在电火花加工前先对工件进行激光照射，工件的组织结构和力学性能通常会发生变化：工件的屈服强度降低、硬度变小、切削力减小，此时再用电火花加工技术对工件进行放电加工不仅能提高加工效率和加工精度，减少电极磨损，还能够显著降低工件加工位置发生微变形和微裂纹等质量缺陷的概率。郭秀云等[10]、贺长林等[11]研究指出，激光-电火花同步复合加工技术避免了不使用润滑剂对加工过程起到的不良作用，通过合理设置工艺参数较大程度地减少了切屑、油雾和有害烟气的产生、扩散，对环境和操作人员的安全起到了一定的保护作用。

利用激光-电火花同步复合加工技术对工件进行加工时，激光加工工艺参数和电火花加工工艺参数的设置必须考虑加工材料的力学特性[12]，加工材料的导热性质、温度场分布性质，以及材料加工深度等因素；对于一些高强度特殊材料的加工，激光、电火花与材料间的作用机理非常复杂，相关参数的设置需要经过多次试验测定。不仅如此，激光束照射工件的入射角度和入射区域也应严格控制，避免激光辐射热量对加工表面的热损坏。

对于激光-电火花异步复合加工技术，当进行微细孔和切割面的精细加工时，电火花加工工序的定位是否与激光加工工序加工出的工艺孔的位置相匹配对加工质量起关键作用，再根据不同的加工材料设计合适的激光加工和电火花加工工艺参数便可获得理想的加工质量；当进行特定功能的表面微织构的精细加工时，工件的材料特性、表面微织构的结构形状、电火花加工的工艺参数以及激光加工的工艺参数组合决定了表面微织构的最终加工质量。在确定加工材料的前提下，微织构的结构形状、电火花加工工艺参数和激光加工工艺参数中只要有一项发生了改变，其他两项都将进行调整，并且对工艺参数的调整往往需要经过多次试验才能确定。

2. 激光-电解射流复合切割/打孔技术

激光-电解射流复合切割/打孔技术与单一加工技术相比，不仅提高了零件的加工效率，而且显著改善了两种加工技术单一加工时的不足。电解射流加工技术有效避免或减少了激光加工过程中产生的重铸层、热影响区和微裂纹等质量缺陷；激光加工技术改善了电解射流加工中引起的孔锥度过大的问题，增加了加工孔的深径比。

激光-电解射流复合切割/打孔技术对实现装置的要求比较高：小孔径喷嘴的直径

以及与工件表面的距离必须经过反复试验测定；为保证电解射流对激光束的完全引导并且使电解射流和激光束实现同轴喷射，喷嘴孔的轴线必须与入射激光束的中心轴线同轴。

激光-电解射流复合切割/打孔技术的加工过程是一个集光能、热能、热化学能、电化学能、机械能等多种能量组合作用去除材料的复杂物理过程；激光束在电解射流中传输时，能量存在衰减，能量分布类似高斯分布；激光束的能量衰减与激光束的波长、电解液的溶质材料和浓度密切相关，与电解液温度及电解液射流速度的关系不大。

为提高激光-电解射流复合切割/打孔技术的加工效率和加工质量，应对该技术的加工装置结构参数、电解液种类及参数、激光束加工参数以及电解射流与激光束的耦合作用原理等内容进行深入、细致的研究。

3. 激光-微纳探针复合刻划技术

激光-微纳探针复合刻划技术是借助显微镜的探针将激光能量作用于工件进行加工的，该技术的加工作用机理随着选用不同显微镜的探针而存在一定差别。例如，扫描隧道显微镜的探针与工件作为两个电极互不接触，工作时利用探针针尖与工件之间的量子隧道效应进行扫描探测；原子力显微镜的探针针尖与工件表面直接接触，探针与探测悬臂相连，工作时通过探针的微小运动带动探测悬臂运动来实现对工件表面的扫描探测。因此，对于扫描隧道显微镜，加工作用机理主要是近场增强场对工件的加工作用；对于原子力显微镜，加工作用机理则包括近场增强场对工件的加工作用和探针针尖与工件表面因接触与相对运动产生的机械刻划作用。

探针针尖近场增强场对工件的加工作用机理是通过探针针尖和工件表面间的微粒子的瑞利散射避雷针效应与表面等离子振荡量子激发效应，对工件表面产生的增强数效应、光化学效应、电场效应和热效应等作用实现的。

在激光-微纳探针复合刻划技术加工过程中，为防止激光束在传输过程中直接照射到工件表面对工件造成损害，设计激光束的控制光路时必须考虑激光束与探针针尖之间的传输路径，通常把传输路径与工件表面之间的夹角设计成 0～45°可调。

4. 激光-超声复合切割/打孔技术

激光-超声复合切割/打孔技术是一种精细加工技术，由激光加工系统、超声振动系统、工作台平移系统三部分合成，该技术的加工质量除了与激光加工和超声振动的工艺参数有关，还与三部分相对运动的配合情况有关。为保证加工质量，超声振动的方向必须与激光束照射工件的方向一致，并且不能存在其他方向的相对振动，超声振动的频率、振幅应与激光加工工艺参数相匹配；加工孔时，工作台静止不动，加工槽或面时，工作台的平移速度在满足激光加工精度要求的前提下不能过慢以影响加工效率，也不能过快以产生较大惯性影响成型精度。

　　大多数激光-超声复合切割/打孔技术的加工过程是在介质溶液中进行的，超声振动系统的辅助加工作用主要包括：一是通过振动带动介质溶液规律流动，对加工位置起到冷却和冲洗作用，提高了激光的利用率，缩小了热影响区的范围，减小了重铸层的厚度，降低了微裂纹缺陷的产生概率；二是部分介质溶液本身就对工件加工位置起到化学加工作用，超声振动带动介质溶液规律流动进一步加剧了溶液对工件的化学加工作用，提高了加工效率和成型精度。因此，激光-超声复合切割/打孔技术不仅要精确设置超声振动参数，还应该根据不同的加工材料合理选择相应的介质溶液。

9.2.3　激光复合切割/打孔/刻划技术在微纳制造中的应用研究

1. 激光-电火花复合切割/打孔技术

　　激光-电火花复合切割/打孔技术在微纳制造中的应用主要有三个方面：一是对孔口尺寸比较小、深径比比较大的微细孔（包括异形孔）的精确加工；二是对加工表面质量要求比较高的特殊材料精细面的精确加工；三是对实现特定功能的表面进行表面强化和表面微织构的精确加工。

　　桥川荣二[13]设计制作了激光-电火花异步复合加工系统，该系统利用激光加工技术在工件上先加工出排屑工艺孔，再通过精确定位系统对电火花加工机构精确定位，最后用电火花对工件进行精加工，成功实现了微细孔和面的精确加工。

　　杨永宁和李皋[14]利用激光-电火花异步复合加工技术成功实现了对 Cr12 模具钢的表面强化，并对复合强化结果与单纯的电火花强化结果进行了比较。结果表明，经过复合强化后的硬化层厚度增加了 50μm 之多，硬化层的力学性能也得到了成倍的改善。

　　许金凯等[15]采用激光-电火花异步复合加工技术在钛合金表面加工点阵结构以降低钛合金表面的摩擦系数。试验结果表明，利用该技术加工的表面微织构的表面摩擦系数最低达 0.1748，与单一技术加工比较降幅超过 40%。

　　目前，激光-电火花同步复合加工技术在微纳制造中的应用研究还比较少，大部分文献研究主要集中在激光-电火花同步复合加工技术中工艺参数的设置问题、加工装置的设计问题以及提高加工质量的方法问题等方面。

2. 激光-电解射流复合切割/打孔技术

　　激光-电解射流复合切割/打孔技术在微纳制造中主要用于航空航天、化纤、精密仪器、医疗器械、汽车制造等领域的精密零件上的微小尺寸孔、槽、表面微织构等的精细加工。

张华等[16]设计研发了一种喷射液束电解-激光复合加工技术，并利用该技术在500μm 厚的不锈钢板上进行了通孔和盲孔的加工试验。结果表明，该技术可以有效减少由激光加工产生的重铸层，提高微细结构的加工质量。他们还利用激光直接照射加工为主、电解喷射加工为辅的加工手段对微织构进行了多次加工试验，并通过比对试验结果得出绿光激光比红外激光更适合激光-电解射流复合切割/打孔技术[17]。

李昞晖[18]对激光-电解射流复合切割/打孔技术进行了深入的基础研究，通过加工试验表明，该复合加工技术的基本工艺规律如下：一是激光-电解射流复合切割/打孔技术是一个激光快速击穿后电解射流扩孔加工的过程，加工表面基本无重铸层、微裂纹及热影响区等质量缺陷；二是经过复合加工得到的孔的锥度变小，且加工间隙的增加会导致加工孔径的减小。

宋义知[19]利用激光-电解射流复合切割/打孔技术对不锈钢材料（1Cr18Ni9Ti）和单晶硅材料（Si）进行了打孔试验，试验证明该技术可以有效改善重铸层、热影响区及微裂纹等质量缺陷，并可将孔壁重铸层厚度控制在 3.5μm 以内。

息成成[20]对毫秒激光复合短脉冲电解射流加工技术进行了试验研究，发现对重铸层影响程度从大到小的工艺参数分别是两极电压、脉冲宽度、激光重复频率、占空比、电解频率等；对孔加工锥度影响程度从大到小的工艺参数分别是两极电压、激光重复频率、占空比、电解频率、脉冲宽度等；孔的加工形状主要取决于激光加工工艺参数；此外，当加工能量较高时，加工产生的热影响区范围为 50～150μm。

英国 De Silva 等[21]对激光-电解射流复合切割/打孔技术进行了深入研究，发现了对定域性起决定作用的指标是加工区的温度，获得的加工表面粗糙度可达 20nm，并且没有检测到热影响区。

Pajak 等[22]利用激光-电解射流复合切割/打孔技术分别对镍基合金、钛合金、不锈钢和铝合金等材料进行了打孔和开槽试验。结果表明，加工区域的温度升高有利于加工过程的定域性，减少了杂散腐蚀，加工孔的锥度减小了 38%～65%，材料去除率提高了 20%～54%。

3. 激光-微纳探针复合刻划技术

利用激光-微纳探针复合刻划技术可以对金属和半导体材料进行纳米尺度的加工，得到不同图案的微织构，也可以进行纳米元器件的加工制作。

Jersch 和 Dickmann[23]利用扫描隧道显微镜和激光复合刻划技术在空气条件下，在金属薄膜上加工出了直径为 30～50nm、高为 10～15nm 的小丘，并通过试验验证了激光-微纳探针复合刻划技术的加工机理为近场增强场作用效应。

Huang 等[24]利用脉冲激光复合原子力显微镜掺硼探针在硅基体的金属薄膜上加工了横向分辨率可达 10nm 的纳米孔洞和纳米线，并对加工质量和加工效率的可能影响因素进行了分析研究。

Chimmalgi 等[25]将飞秒激光与原子力显微镜复合，采用多模硅扫描探针在 25nm 厚的金属膜上加工出了宽约 10nm、深约 10.5nm 的纳米坑。研究还发现，激光加工能量对最终的加工结果影响巨大，可以通过调节激光的加工能量，加工出不同形状的纳米结构。

黄文浩等[26]、周明等[27]利用飞秒激光复合原子力显微镜微纳探针在基体金属膜上加工出了纳米图形和纳米字母，并对局域场的强度对加工结果的影响进行了分析研究。

言峰等[28]利用激光-微纳探针复合刻划技术在 40nm 厚的金属膜上加工出多种纳米图案，达到的极限线宽为 10nm，并从激光能量和加工速度两个方面对加工线宽进行了分析研究。

4. 激光-超声复合切割/打孔技术

激光-超声复合切割/打孔技术在微纳制造中的应用主要包括航空航天、电子电路、精密机械等领域的难加工材料、零件的精密、微纳加工。

Mori 和 Kumehara[29]利用激光-超声复合切割/打孔技术对铝进行加工，试验结果表明超声振动加快了材料的加工速率和废屑的去除速率，提高了铝孔的加工质量。

Yue 等[30]对高速钢进行激光-超声复合加工，并借助有限元分析软件对加工过程进行了建模分析，结果表明利用激光-超声复合加工技术加工高速钢的方法可有效增加孔的加工深度，降低热影响区的范围，显著改善重铸层和微裂纹等质量缺陷。

Zheng 和 Huang[31]利用飞秒激光复合超声振动进行微孔加工，试验结果表明，该方法可有效提高孔表面的加工精度和孔的加工深度。

Chiu 和 Chang[32]利用 KrF 准分子激光复合超声振动技术对压电陶瓷进行加工，结果表明超声振动提高了孔的加工深度、速度和表面光洁度。

Kim 等[33]、Park 等[34]利用目镜带动物镜振动技术重新设计了超声振动机构，得到了最大振动频率超过 20kHz、最大振幅可达 80nm 的目镜-物镜超声振动机构；并利用该机构复合激光加工技术对铜进行打孔加工，试验结果再次表明，超声振动提高了孔的加工深度、速度和表面光洁度。

Liu 等[35]研究设计了激光-超声复合切割/打孔技术的水下加工系统和平台，加工过程中，工件根据加工要求选择水平或者竖直放置，水下环境可以是蒸气-静水或者水射流-静水浸没方式。研究表明，水环境增强了超声空化效应、加速了加工区域的物质流动，通过激光、液流、超声的复合作用提高了加工速度，改善了加工表面质量。

王园园[36]利用激光-超声复合切割/打孔技术在水环境下对氮化硅陶瓷进行加工，分析研究了激光能量、脉冲宽度、重复频率和超声振动功率等工艺参数对加工效率和加工质量的影响，发现在一定工艺参数范围内，超声振动显著提高了材料的加工深度和表面质量。

9.3　激光复合成型技术

9.3.1　激光复合成型技术工作原理

按照工作原理的不同，激光复合成型技术主要包括激光-等离子复合成型技术、激光-冷喷涂复合喷涂技术和激光-电刷镀复合镀覆技术等。

1. 激光-等离子复合成型技术原理

激光-等离子复合成型技术是由激光、等离子两种能量场共同作用实现加工过程的一种精细加工技术，该技术的实现形式包括激光-等离子同步复合成型技术、激光-等离子异步复合成型技术和激光诱导等离子复合成型技术。

1）激光-等离子同步复合成型技术

激光-等离子同步复合成型技术是指系统工作时，激光和等离子两种能量场同时作用在工件上对工件进行加工。该加工系统由激光加工系统、等离子加工系统、加工材料送料系统、加工平台及运动控制系统四部分构成。激光加工系统和等离子加工系统的作用是通过激光束与等离子弧的聚焦共同形成材料加工熔池，用于熔化金属基体和填充金属材料。加工材料送料系统的作用是在加工过程中根据总系统控制指令为高温熔池提供加工材料粉末。加工平台及运动控制系统的作用有两个：一是为整个系统提供支撑工件的工作平台；二是通过运动控制系统按照加工进程和总系统的运动控制指令移动工作台至最新加工位置。

激光-等离子同步复合成型技术工作原理如图 9.9 所示，具体工作过程如下：①将需要加工的零件图纸输入设备控制计算机（上位机），设备控制计算机对加工零件图纸进行分析和转化处理，形成设备加工平台的运动控制程序并下载到加工平台的运动控制系统（下位机）；②根据不同的加工材料特性和加工要求，设定相应的工艺参数，控制激光加工系统、等离子加工系统和加工材料送料系统的加工和动作；③启动设备，激光束和等离子弧形成加工材料的高温熔池，加工材料以粉末的形式通过加工材料送料系统输送到高温熔池，加工材料粉末在高温的作用下快速熔化并急冷凝固快速成型；④运动控制系统执行运动控制程序带动工作台运动，最终加工出图纸上的零件形状。

2）激光-等离子异步复合成型技术

激光-等离子异步复合成型技术是将等离子喷涂技术和激光重熔技术结合在一起，用以提高涂层力学性能的一种复合制造技术。系统工作时，首先采用等离子喷涂技术在基体上加工功能涂层基体，然后用激光重熔技术对功能涂层基体进行重熔加工，冷却后得到最终的功能涂层成品。

3）激光诱导等离子复合成型技术

激光诱导等离子复合成型技术的加工过程主要分为三部分：一是等离子体产生过程；二是等离子体吸收能量过程；三是等离子体加工材料过程。其工作原理如图 9.10 所示。工作时，当入射激光束的能量密度超过介质的电离阈值时，会通过级联电离和多光子电离效应[37]在激光焦点周围诱导出自由电子，产生等离子体；激光继续照射，等离子体吸收激光能量后温度升高、速度变大，形成快速膨胀的冲击波；当冲击波运动到加工工件表面，且冲击波的能量密度超过工件材料的破坏阈值时，冲击波便会对工件材料进行蚀除加工。

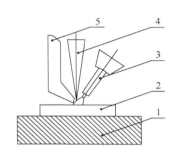

图 9.9　激光-等离子同步复合成型
技术工作原理图
1-工作台；2-工件；3-焊枪；
4-激光束；5-送料头

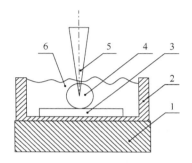

图 9.10　激光诱导等离子复合成型
技术工作原理图
1-工作台；2-介质溶液容器；3-工件；
4-等离子体；5-激光束；6-介质溶液

2. 激光-冷喷涂复合喷涂技术

冷喷涂技术全称为冷气动力喷涂技术，区别于热喷涂技术严重依赖热能工作，冷喷涂技术更多的是依靠高的速度和动能进行工作的。具体讲就是利用低温加热（不超过 600℃）后的高压气体携带喷涂粉末经过喷涂缩放管后获得 300～1200m/s 的超声速气流，气流携带喷涂粉末高速撞击基体材料，通过喷涂粉末的塑性流动变形沉积到基体上形成涂层。

激光-冷喷涂复合喷涂技术是将激光加工技术与冷喷涂技术相结合，以冷喷涂技术为主、激光加工技术为辅的复合喷涂技术。其工作原理如图 9.11 所示。整个系统主要由高压气体系统、送粉系统、激光加工系统、温度控制系统等构成。工作时，高温高压气体分两路进入激光加工系统，高温高压气体的作用有两个：一是负责输送和加热喷涂粉末；二是将喷涂粉末经喷嘴喷射到基体上。激光加工系统的作用是对喷涂粉末和基体进行加热处理，使其温度升高并软化，起到调节喷涂粉末和基体材料力学性能与碰撞沉积状态的作用；喷涂粉末加热温度不超过熔点，既保持了冷喷涂的固态沉积特性，又提高了涂层的力学性能。送粉系统负责和高温高压气体一起输送喷涂粉末。温度控制系统负责监控沉积区域的温度。

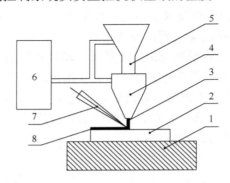

图 9.11　激光-冷喷涂复合喷涂技术工作原理图
1-工作台；2-工件；3-喷涂粉末；4-喷嘴；5-送料斗；6-高温高压气体；7-激光束；8-涂层

3. 激光-电刷镀复合镀覆技术

电刷镀技术是利用电解方法在工件表面上形成功能镀层的一种技术。功能镀层的作用主要有以下几种：改变工件表面力学性能；装饰美观工件；改变工件尺寸，改善机械配合；修复工件等。

激光-电刷镀复合镀覆技术主要是利用激光加工技术对电刷镀后的功能涂层进行二次加工的激光强化电刷镀复合成型技术，其工作过程分为两步：①利用电刷镀原理在基体上加工得到功能镀层；②利用激光加工原理对功能镀层进行二次加工，最终得到性能、精度符合要求的成品镀层。该技术中激光二次加工的作用主要有两个：一是利用激光切割方法在功能镀层上加工各种微织构；二是利用激光熔覆方法对功能镀层进行表面强化。

9.3.2　激光复合成型技术加工特点

1. 激光-等离子复合成型技术

1）激光-等离子同步复合成型技术

激光束和等离子体两种能量场都能对工件进行成型制造，两者单独加工时各有优缺点。激光成型制造有多种工艺实现形式，如激光烧结成型、激光熔化成型、激光熔覆成型等。激光烧结成型和激光熔化成型存在加工零件致密性差、后处理工艺复杂等缺点；激光熔覆成型可制造致密性好、晶粒组织细小的零件，但加工效率低、浪费严重、投资成本高[38]。等离子成型制造虽具有能量利用率高、加工效率高、材料利用率高、投资成本低等优点，但加工稳定性差、加工质量低。激光-等离子同步复合成型技术将激光、等离子同步熔覆工艺与快速成型技术相结合，实现金属零件的快速熔覆制造，既充分发挥了各自成型加工的优势，又弥补了不足，形成了一种全新高效的零件复合成型技术[39]。

激光-等离子同步复合成型技术的实现形式有旁轴复合和同轴复合两种。同轴复合实现难度较大、工艺复杂，因此激光-等离子同步复合成型技术一般采用旁轴复合结构。两种能量场的复合作用不是各自加工过程的简单叠加，而是通过能量耦合产生的相互作用。激光-等离子同步复合成型技术工艺参数主要包括热源间距、激光与等离子间的夹角、喷嘴与工件间的距离等，为提高加工效率和加工质量，在工作过程中应对各工艺参数进行实时调节。

2）激光-等离子异步复合成型技术

激光-等离子异步复合成型技术制备的功能涂层解决了涂层内部出现层状结构的问题，避免了因层状结构引起的涂层孔隙和微裂纹等质量缺陷；涂层与基体连接方式变为冶金结合，涂层的致密度和平均硬度都得到了成倍提高。

在用激光重熔技术对功能涂层进行二次加工时，应合理选择激光加工工艺参数并对重熔工艺进行优化设计，如激光束的作用时间、能量密度、输出功率以及重熔层的冷却工艺等。避免二次加工导致气孔、裂纹等质量缺陷的重新出现。

3）激光诱导等离子复合成型技术

激光诱导等离子复合成型技术通过在介质溶液中进行激光诱导等离子体对工件进行加工，解决了无法加工非透明材料的问题。加工时，激光焦点位置在介质溶液与材料交界处的上方，考虑到激光会受到介质溶液引起的折射率的变化和能量吸收等影响，在实际加工过程中，需要严格考察介质溶液深度、流速、密度等参数对加工过程的影响。

除此之外，在激光诱导等离子复合成型技术的加工效率和加工质量的研究方面，研究者主要从激光诱导参数、介质溶液种类等方面进行现象性的研究，对影响加工效率和加工质量的一些根本因素研究较少。例如，激光在介质溶液材料中诱导出等离子体的具体机理、等离子体吸收激光能量的作用机理，以及如何对等离子体进行定向运动控制以达到精确控制微纳加工过程的目的等都需要进一步的分析和研究。

2. 激光-冷喷涂复合喷涂技术

激光-冷喷涂复合喷涂技术利用激光对颗粒和基体进行加热，加热温度必须严格控制，既不能超过喷涂粉末的熔点使喷涂粉末失去固态沉积特性，又不能使基体材料温度过高造成涂层熔化、滑移及热变形等质量缺陷。

喷涂过程中，喷涂粉末撞击基体是形成涂层还是对基体进行喷丸或冲蚀加工，主要取决于粒子的速度[40]，每种喷涂材料都存在一定的速度阈值，当超过速度阈值时，撞击形成涂层；当低于速度阈值时，撞击对基体进行喷丸或冲蚀加工。

激光-冷喷涂复合喷涂技术中激光加工的作用只是对喷涂粉末和基体进行有限加

热，不产生激光熔覆、热喷涂等技术导致的涂层氧化、相变、烧蚀、晶粒长大等质量缺陷。

3. 激光-电刷镀复合镀覆技术

激光-电刷镀复合镀覆技术在激光二次加工镀层过程中，在镀层和基体之间形成了一个"互熔层"，提高了镀层与基体的结合强度。除此之外，激光加工还可以有效地降低镀层的孔隙率，对镀层进行表面改性，改善晶界状态，实现一次镀层加工后的孔隙、裂纹等缺陷的自愈合。

9.3.3　激光复合成型技术在微纳制造中的应用研究

1. 激光-等离子复合成型技术

1）激光-等离子同步复合成型技术

激光-等离子同步复合成型技术除了具有加工效率高、零件加工尺寸范围大、零件加工性能好等优点，还可实现多金属梯度功能零件的快速成型制造。

Song 等[41,42]设计开发了激光-等离子复合成型技术的柔性化混合快速成型制造系统，应用于三维焊接熔覆快速成型，提高了加工效率和加工质量，并且在加工过程中可以根据需要随时更换加工材料和加工工艺。

Zhang 等[43]对激光-等离子复合成型技术的加工机理进行了深入研究，构建了激光-等离子弧复合沉积头，实现了三维焊接熔覆快速成型；设计出了既能进行激光-等离子复合成型加工，又能进行传统的铣削减材加工的数控机床。

刘卫兵等[44]对激光复合成型零件的尺寸精度控制进行了研究，将激光熔覆与激光铣削两种工艺结合，提出了激光复合精确成型的方法，将激光熔覆、表面形貌测量和激光铣削相结合，实现了成型高度表面和侧面精度的实时调控，精度可达 $5\mu m$，减少了熔覆件表面和侧面存在挂渣及层与层之间的台阶效应，实现了熔覆件的三维精确铣削加工。

马义全[45]对激光-等离子复合沉积制造金属零件的系统结构进行了分析研究，利用数控机床构建了激光-等离子复合快速沉积制造金属零件系统。

钱应平等[46]对激光-等离子复合快速制造过程中的激光对等离子的弧柱形貌、熔积成型时的熔深和熔宽等的影响进行了分析研究。结果表明，激光作用于等离子弧后，等离子弧柱的直径变小，挺度增加，稳定性增强，起弧容易，熔积层的熔深增大，熔宽减小。利用该技术可以快速成型高温合金及难熔材料零件。

2）激光-等离子异步复合成型技术

激光-等离子异步复合成型技术在制备微纳功能涂层的应用领域得到了广泛研究。

Raheleh 等[47]利用激光-等离子异步复合成型技术加工出了 YSZ 陶瓷涂层，该涂层具有较好的抗热震性能，涂层内部形成的柱状组织提升了涂层的应变容限。

Qian 等[48]利用激光-等离子复合加工技术在 AZ91D 镁合金基体上制备了 NiAl/Al$_2$O$_3$涂层，研究发现涂层与基体间结合力为等离子喷涂技术制备的 3 倍，涂层的耐磨性能也得到了进一步的提高。

3）激光诱导等离子复合成型技术

激光诱导等离子复合成型技术既综合了激光加工的优势，又在很大范围内降低了由激光热效应导致的一系列加工质量问题，为材料的微纳米尺度的加工方法提供了新的选择。

Zhang 等[49]使用三种波长的激光器诱导等离子成型加工，成功加工出了尺寸分别为 14μm、20μm 和 30μm 的高质量微光栅。

Li 和 Nikumb[50]利用 Nd:YVO$_4$激光器诱导碳钢产生金属等离子体并在玻璃材料上进行加工，得到了高质量的光学加工表面。

Hanada 等[51]对激光诱导等离子复合成型技术的加工机理进行了深入研究，研究了消融深度对两次脉冲延迟时间的依赖性，通过对双脉冲辐照的研究得出了激光诱导产生的等离子体能瞬间吸收激光能量并转化成巨大的机械能对加工材料进行去除加工的结论。

Pallav 和 Ehmann[52]对在液体介质中激光诱导等离子复合成型技术进行了分析研究，观察到等离子体附近的介质爆炸扩张现象，认为激光诱导等离子复合加工机理与 MEDM 类似。

Saxena 等[53,54]研究了盐溶液中的激光诱导等离子复合成型技术，研究认为该技术可以获得更高的材料去除率和更好的切削性能，从而提高了加工的精度和质量；盐溶液中的游离离子和光衰减系数的增加都对加工过程起到了辅助作用。他们还对等离子体的运动控制进行了研究，发现通过外加磁场可以控制等离子体中带电粒子的运动，提出通过磁场控制等离子体可以改变工件的加工形状，提高加工效率。

Qin 和 Li[55]利用纳秒激光器（Nd: YAG）诱导石英等离子体在工件上加工出了高深径比的微通道，最高加工深度达到 4.2mm。

唐泓炜[56]以制备高质量的微结构为加工目标，对磁控激光诱导等离子复合成型技术的材料去除机理进行了深入研究，通过试验得到了高质量的无热缺陷的光滑微沟槽；首次提出了基于激光诱导等离子体的二次扫描加工方法，将加工表面粗糙度降低到 100nm 以下。

孙树峰团队[57]对硼硅酸盐玻璃的激光诱导等离子复合成型技术进行了深入研究，从等离子体产生机理、材料去除机理和介质溶液作用等方面分析了提高玻璃沟槽加工深度和成型质量的方法。

2. 激光-冷喷涂复合喷涂技术

激光-冷喷涂复合喷涂技术具有沉积速度快、涂层废品率低的优点，可以用来加工致密匀称、孔隙率可控的功能涂层。

Kulmala 和 Vuoristo[58]用激光辅助低压冷喷涂技术在碳钢基体上制备了 Cu/Ni+Al$_2$O$_3$ 复合沉积层，试验结果表明激光辐照作用是一种提高低压冷喷涂沉积层致密度和沉积效率的有效方式。

Danlos 等[59]把激光清洗、激光辐照、冷喷涂技术复合，在铝合金基体上制备了铝沉积层，结果表明激光对基体的清洗作用和热辐射作用能显著增加沉积层与基体的结合强度。

杨理京等[60]利用激光-冷喷涂复合喷涂技术在中碳钢基体上成功制备了 Ni60 沉积涂层，研究发现沉积涂层的冷喷涂固态沉积特性没有改变，涂层的内部组织结构几乎与喷涂粉末的内部组织结构一致，沉积层与基体间存在冶金结合特征。

李祉宏等[61]采用激光-冷喷涂复合喷涂技术与激光熔覆技术制备了 WC/Stellite-6 金属基复合沉积层。与激光熔覆技术相比，激光-冷喷涂复合喷涂技术具有固态沉积的特点，避免了熔化凝固过程中的 WC 分解，并且激光-冷喷涂复合喷涂沉积层的抗裂纹扩展能力明显优于激光熔覆沉积层。

酉琪等[62]对激光-冷喷涂复合喷涂技术的应用进行了分析研究，发现激光-冷喷涂复合喷涂技术不仅可以用来制备 Stellite-6 合金涂层、Ti 涂层、Al-12wt%Si 涂层、Ni60 基金刚石复合涂层、Ti-HAP 复合生物涂层等不同领域的应用涂层；还可以通过激光的热辐射作用来解决冷喷涂技术无法制备高硬度复合沉积层的问题。

3. 激光-电刷镀复合镀覆技术

激光-电刷镀复合镀覆技术在微纳制造中的应用主要表现在两个方面：一是电刷镀与激光重熔技术复合，对电刷镀后的金属镀层进行激光重熔工艺处理，用以提高原镀层的结合强度或表面性能；二是电刷镀与激光微、精处理工艺复合，对电刷镀后的金属镀层进行激光微、精工艺处理得到表面微织构，实现原镀层的表面强化或特定的工作性能。

董世运等[63]在铸铁表面利用激光-电刷镀复合镀覆技术制备镀层，解决了激光熔覆技术直接加工铸铁零件容易出现微裂纹的问题，得到的镀层组织致密，耐磨性能好，无裂纹、气孔等质量缺陷。

李晶等[64]利用激光-电刷镀复合镀覆技术在铝合金表面制备复合结构镀层，得到了低黏度、耐腐蚀的超疏水镀层，对水的静态接触角达到 156°，滚动角约为 4.8°，具有各向异性的滚动性能，抗高温、抗结冰性能好，腐蚀阻抗提高约 3 个数量级。

闫涛等[65]对激光-电刷镀复合镀覆技术得到的 Ni 基镀层进行分析研究，结果表明，与普通电刷镀镀层相比，激光-电刷镀镀层晶粒尺寸减小了约 5nm；基本没有改变 Ni 镀层和 n-Al$_2$O$_3$/Ni 复合镀层的晶体结构。

参 考 文 献

[1] 赵耀邦, 成群林, 徐爱杰, 等. 激光-电弧复合焊接技术的研究进展及应用现状[J]. 航天制造技术, 2014（4）: 11-14.

[2] 史俊锋, 肖荣诗. 激光深熔焊光致等离子体行为与控制[J]. 激光杂志, 2000（5）: 40.

[3] 张新戈, 王群, 李俐群, 等. 电、磁场辅助激光焊接的研究现状[J]. 材料导报, 2009, 23（9）: 39-42.

[4] TSE H C, MAN H C, YUE T M. Effect of electric and magnetic fields on plasma control during CO$_2$ laser welding[J]. Optics and Lasers in Engineering, 1999, 31: 55-63.

[5] 杨德才, 刘金合. 外加磁场对激光焊接熔深的影响[J]. 激光技术, 2001, 25（5）: 347-350.

[6] ZHANG X D, CHEN W Z, JIANG P, et al. Modeling and application of plasma charge current in deep penetration laser welding[J]. Journal of Applied Physics, 2003, 93（11）: 8842-8847.

[7] XIAO R S, ZUO T C, LELMANER M. Hybrid Nd: YAG laser beam welding of aluminum in addition with an electric current[J]. Proceedings of SPIE, 2005, 5629: 195.

[8] 师文庆. 基于振镜扫描的激光微焊接技术研究[D]. 广州: 华南理工大学, 2009.

[9] 徐家文, 云乃彰, 王建业. 电化学加工技术——原理、工艺及应用[M]. 北京: 国防工业出版社, 2008.

[10] 郭秀云, 勾三利, 梁建明, 等. 干切削加工方法的探讨[J]. 河北建筑工程学院学报, 2005, 23（1）: 97-99.

[11] 贺长林, 张弓, 王映品, 等. 激光辅助加工与热处理在汽车关键零件加工中的应用综述[J]. 热加工工艺, 2014（8）: 13-17.

[12] 李雪峰. 钛合金功能表面激光-电火花复合制造技术研究[D]. 长春: 长春理工大学, 2018.

[13] 桥川荣二. 电火花与激光复合精密微细加工系统的开发[J]. 制造技术与机床, 2004（2）: 46-50.

[14] 杨永宁, 李皋. 电火花激光复合强化技术[J]. 电加工与模具, 1990（2）: 15-18.

[15] 许金凯, 李雪峰, 廉中旭, 等. 电火花-激光复合加工减摩钛合金表面试验[J]. 长春理工大学学报（自然科学版）, 2018, 41（3）: 38-41.

[16] 张华, 徐家文, 王吉明. 镍基高温合金喷射液束电解-激光复合加工试验研究[J]. 材料工程, 2009（4）: 75-80.

[17] ZHANG H, XU J W. Laser drilling assisted with jet electrochemical machining for the minimization of recast and spatter[J]. The International Journal of Advanced Manufacturing Technology, 2012, 62（9-12）: 1055-1062.

[18] 李昞晖. 电解射流-激光复合加工技术基础研究[D]. 南京: 南京航空航天大学, 2010.

[19] 宋义知. 电解液射流辅助激光微细加工技术研究[D]. 沈阳: 沈阳理工大学, 2017.

[20] 息成成. 毫秒激光复合短脉冲电解射流加工技术研究[D]. 哈尔滨: 哈尔滨工业大学, 2014.

[21] DE SILVA A K M, PAJAK P T, MCGEOUGH J A, et al. Thermal effects in laser assisted jet electrochemicalmachining[J]. CIRP Annals, 2011, 60（1）: 243-246.

[22] PAJAK P T, DESILVA A K M, HARRISON D K, et al. Precision and efficiency of laser assisted jet electrochemical machining[J]. Precision Engineering, 2006, 30（3）: 288-298.

[23] JERSCH J, DICKMANN K. Nanostructure fabrication using laser field enhancement in the near field of a scanning tunneling microscope tip[J]. Applied Physics Letters, 1996, 68（6）: 868-870.

[24] HUANG S, HONG M H, LU Y F, et al. Pulsed-laser assisted nanopatterning of metallic layers combined with atomic force microscopy[J]. Journal of Applied Physics, 2002, 91（5）: 3268-3274.

[25] CHIMMALGI A, GRIGOROPOULOS C P, KOMVOPOULOS K. Surface nanostructuring by nano-femtosecondlaser-assisted scanning force microscopy[J]. Journal of Applied Physics, 2005, 97（10）: 104319.

[26] 黄文浩, 朱兰芳, 陈宇航, 等. 基于原子力显微镜的 PMMA 飞秒激光纳米加工[J]. 光学精密工程, 2007, 15（12）: 1959-1962.

[27] 周明, 范晓萌, 言峰, 等. AFM 针尖耦合激光加工 PMMA 薄膜的加工重复性[J]. 材料科学与工程学报, 2010, 6: 848-851.

[28] 言峰, 周明, 范晓萌, 等. 基于局域场加强的近场纳米加工技术[J]. 光学学报, 2008, 28（s1）: 176-180.

[29] MORI M, KUMEHARA H. Study on Ultrasonic Laser Machining[J]. CIRP Annals, 1976, 25（1）: 115-119.

[30] YUE T, CHAN T, MAN H. Analysis of ultrasonic-aided laser drilling using finite element method [J]. CIRP Annals, 1996, 45（1）: 169-172.

[31] ZHENG H Y, HUANG H. Ultrasonic vibration-assisted femtosecond laser machining of microholes[J]. Journal of Micromechanics and Microengineering, 2007, 17（8）: 58-61.

[32] CHIU C C, CHANG C H. Ultrasound assisted laser machining and surface cleaning[C]. 2010 IEEE 5th International Conference on Nano/Micro Engineered and Molecular Systems, 2010: 872-875.

[33] KIM W, LU F, CHO S, et al. Design and optimization of ultrasonic vibration mechanism using PZT for precision laser machining[J]. Physics Procedia, 2011, 19: 258-264.

[34] PARK J, YOON J, CHO S. Vibration assisted femtosecond laser machining on metal[J]. Optics and Lasers in Engineering, 2012, 50（6）: 833-837.

[35] LIU Z, GAO Y, WU B, et al. Ultrasound-assisted water-confined laser micromachining: A novel machining process[J]. Manufacturing Letters, 2014, 2（4）: 87-90.

[36] 王园园. 硬脆材料激光与超声复合加工实验研究[D]. 合肥: 安徽建筑大学, 2015.

[37] LIU X, DU D, MOUROU G. Laser ablation and micromachining with ultrashort laser pulses[J]. IEEE Journal of Quantum Electronics, 1997, 33（10）: 1706-1716.

[38] 张海鸥, 王超, 胡帮友, 等. 金属零件直接快速制造技术及发展趋势[J]. 航空制造技术, 2010（8）: 43-46.

[39] 左铁钏. 21世纪的先进制造技术: 激光技术与工程[M]. 北京: 科学出版社, 2007.

[40] 李文亚, 李长久. 冷喷涂特性[J]. 中国表面工程, 2002, 1（54）: 12-16.

[41] SONG Y, PARK S, CHOI D, et al. 3D welding and milling: Part I—A direct approach for freeform fabrication of metallic prototypes[J]. International Journal of Machine Tools and Manufacture, 2005, 45（9）: 1057-1062.

[42] SONG Y, PARK S, CHAE S W. 3D welding and milling: part II-optimization of the 3D welding process susing an experimental design approach [J]. International Journal of Machine Tools and Manufacture, 2005, 45（9）: 1063-1069.

[43] ZHANG H O, QIAN Y P, WANG G L, et al. The characteristics of arc beam shaping in hybrid plasma and laser deposition manufacturing[J]. Science in China （Series E）: Technological Sciences, 2006, 49（2）: 238-247.

[44] 刘卫兵, 杜秋, 汤攀飞, 等. 激光复合成形件尺寸精度控制的实验研究[J]. 应用激光, 2017, 37（1）: 98-104.

[45] 马义全. 激光与等离子复合沉积制造金属零件的系统结构研究[D]. 厦门: 集美大学, 2015.

[46] 钱应平, 张海鸥, 王桂兰. 等离子激光复合快速制造金属零件基础研究[J]. 航空制造技术, 2006（8）: 93-95.

[47] RAHELEH A R, REZA S R, REZA M, et al. Improving the thermal shock resistance of plasma sprayed CYSZ thermal barrier coatings by laser surface modification[J]. Optics and Lasers in Engineering, 2012, 50（5）: 780-786.

[48] QIAN J G, ZHANG J X, LI S Q, et al. Study on laser cladding NiAl/Al$_2$O$_3$ coating on magnesium alloy[J]. Rare Metal Materials and Engineering, 2013, 42（3）: 466-469.

[49] ZHANG J, SUGIOKA K, MIDORIKAWA K. High-quality and high-efficiency machining of glass materials by laser-induced plasma-assisted ablation using conventional nanosecond UV,visible,and infrared lasers[J]. Applied Physics A, 1999, 69（1）: S879-S882.

[50] LI C D, NIKUMB S. Optical quality micromachining of glass with focused laser-produced metal plasma etching in the atmosphere[J]. Applied Optics, 2003, 42（13）: 2383-2387.

[51] HANADA Y, SUGIOKA K, MIYAMOTO I, et al. Double-pulse irradiation by laser-induced plasma-assisted ablation （LIPAA） and mechanisms study[J]. Applied Surface Science, 2005, 248（1-4）: 276-280.

[52] PALLAV K, EHMANN K F. Feasibility of laser induced plasma micro-machining （LIP-MM）[C]. Precision Assembly Technologies and Systems, IFIP WG 5.5 International Precision Assembly Seminar, Ipas 2010: 14-17.

[53] PALLAV K, SAXENA I, EHMANN K F. Laser-induced plasma micromachining process: Principles and performance[J]. Journal of Micro and Nano-Manufacturing, 2015, 3（3）: 363-369.

[54] WOLFF S, SAXENA I. A preliminary study on the effect of external magnetic fields on laser-induced plasma micromachining （LIPMM）[J]. Manufacturing Letters, 2014, 2: 54-59.

[55] QIN S J, LI W J. Micromachining of complex channel systems in 3D quartz substrates using Q-switched Nd: YAG laser[J]. Applied Physics A, 2002, 74（6）: 773-777.

[56] 唐泓炜. 激光诱导等离子体微纳加工[D]. 哈尔滨: 哈尔滨工业大学, 2019.

[57] 邵勇, 孙树峰, 廖慧鹏. 激光诱导等离子体刻蚀 Pyrex7740 玻璃工艺研究[J]. 应用激光, 2017, 37（5）: 704-708.

[58] KULMALA M, VUORISTO P. Influence of process conditions in laser-assisted low-pressure coldspraying[J]. Surface and Coatings Technology, 2008, 202（18）: 4503-4508.

[59] DANLOS Y, COSTIL S, GUO X, et al. Ablation laser and heating laser combined to cold spraying[J]. Surface and Coatings Technology, 2010, 205（4）: 1055-1059.

[60] 杨理京, 李祉宏, 李波, 等. 超音速激光沉积法制备 Ni60 涂层的显微组织及沉积机理[J]. 中国激光, 2015, 42（3）: 0306005.

[61] 李祉宏, 杨理京, 李波, 等. 超音速激光沉积 WC/Stellite6 复合涂层显微组织特征的研究[J]. 中国激光, 2015, 42（11）: 1106002.

[62] 酉琪, 章德铭, 于月光, 等. 激光辅助冷喷涂技术应用进展[J]. 热喷涂技术, 2018, 10（2）: 15-21.

[63] 董世运, 张晓东, 王志坚, 等. 铸铁表面电刷镀/激光熔覆复合涂层制备与性能评价[J]. 材料工程, 2011, 39（7）: 39-43.

[64] 李晶, 赵言辉, 于化东, 等. 铝合金电刷镀与激光微加工耦合制备超疏水表面及其特性[J]. 中国机械工程, 2017, 28（1）: 82-87.

[65] 闫涛, 梁志杰, 谭俊, 等. 激光强化电刷镀 Ni 镀层试验研究[J]. 中国表面工程, 2006, 19（2）: 39-42.